Jiang-Feng Liu

L'efficacité d'étanchéité du bouchon COx argilite-bentonite

Jiang-Feng Liu

L'efficacité d'étanchéité du bouchon COx argilite-bentonite

dans le contexte du stockage profond de déchets radioactifs

Presses Académiques Francophones

Impressum / Mentions légales
Bibliografische Information der Deutschen Nationalbibliothek: Die Deutsche Nationalbibliothek verzeichnet diese Publikation in der Deutschen Nationalbibliografie; detaillierte bibliografische Daten sind im Internet über http://dnb.d-nb.de abrufbar.
Alle in diesem Buch genannten Marken und Produktnamen unterliegen warenzeichen-, marken- oder patentrechtlichem Schutz bzw. sind Warenzeichen oder eingetragene Warenzeichen der jeweiligen Inhaber. Die Wiedergabe von Marken, Produktnamen, Gebrauchsnamen, Handelsnamen, Warenbezeichnungen u.s.w. in diesem Werk berechtigt auch ohne besondere Kennzeichnung nicht zu der Annahme, dass solche Namen im Sinne der Warenzeichen- und Markenschutzgesetzgebung als frei zu betrachten wären und daher von jedermann benutzt werden dürften.

Information bibliographique publiée par la Deutsche Nationalbibliothek: La Deutsche Nationalbibliothek inscrit cette publication à la Deutsche Nationalbibliografie; des données bibliographiques détaillées sont disponibles sur internet à l'adresse http://dnb.d-nb.de.
Toutes marques et noms de produits mentionnés dans ce livre demeurent sous la protection des marques, des marques déposées et des brevets, et sont des marques ou des marques déposées de leurs détenteurs respectifs. L'utilisation des marques, noms de produits, noms communs, noms commerciaux, descriptions de produits, etc, même sans qu'ils soient mentionnés de façon particulière dans ce livre ne signifie en aucune façon que ces noms peuvent être utilisés sans restriction à l'égard de la législation pour la protection des marques et des marques déposées et pourraient donc être utilisés par quiconque.

Coverbild / Photo de couverture: www.ingimage.com

Verlag / Editeur:
Presses Académiques Francophones
ist ein Imprint der / est une marque déposée de
OmniScriptum GmbH & Co. KG
Heinrich-Böcking-Str. 6-8, 66121 Saarbrücken, Deutschland / Allemagne
Email: info@presses-academiques.com

Herstellung: siehe letzte Seite /
Impression: voir la dernière page
ISBN: 978-3-8381-4820-5

Zugl. / Agréé par: Liu, J. F. 2013. Sealing efficiency of an argillite-bentonite plug subjected to gas pressure, in the context of deep underground nuclear waste storage. PhD thesis (in French), Ecole central de Lille, France.

Copyright / Droit d'auteur © 2014 OmniScriptum GmbH & Co. KG
Alle Rechte vorbehalten. / Tous droits réservés. Saarbrücken 2014

Etanchéité de l'interface argilite-bentonite re-saturée et soumise à une pression de gaz, dans le contexte du stockage profond de déchets radioactifs

JiangFeng LIU

Table des matières

Table des matières 3
Introduction générale 7
Chapitre I - Etude bibliographique 14
I.1 Microstructure de la bentonite 15
I.2. Rétention d'eau et gonflement/retrait de la bentonite 21
    I.2.1 Description élémentaire 21
    I.2.2 Combinaison des mécanismes de rétention d'eau 24
    I.2.3 Courbe de rétention d'eau 26
    I.2.4 Représentation géométrique des pores et modèles associés 27
    I.2.5 Gonflement/retrait de la bentonite 29
I.3. Perméabilité au gaz et à l'eau 34
    I.3.1 Concepts de base 34
    I.3.2 Relation avec la conductivité hydraulique 37
    I.3.3 Méthodes de mesure de la perméabilité sous chargement mécanique 37
    I.3.4 Perméabilité à l'eau et au gaz de la bentonite 37
I.4. Migration de gaz 40
    I.4.1 Mécanismes potentiels de migration de gaz dans un dépôt géologique 41
    I.4.2 Méthodes de mesure existantes de la cinétique et/ou de la pression passage de gaz 44
    I.4.3 Etudes de la migration de gaz au travers de matériaux ou à l'interface entre matériaux différents 46
I.5. Autres facteurs influençant le gonflement et les performances hydrauliques de la bentonite 48
    I.5.1 Effets osmotiques 48
    I.5.2 Effets thermiques 49
Chapitre II - Description des méthodes expérimentales 51
II.1 Matériaux et préparation des échantillons 52
II.2 Essais de rétention d'eau 54
    II.2.1 Analyse du problème *in situ* 54
    II.2.2 Mise en place des conditions oedométriques 55
    II.2.3 Mise en place des conditions libres 56
    II.2.4 Comment obtenir différents niveaux de saturation en eau? 56
II.3 Essai de perméabilité au gaz et mesure de la porosité sous confinement variable 57
    II 3.1. Méthode de la perméabilité en régime permanent 57
    II 3.2 Méthode de mesure de la perméabilité au gaz dite du « pulse test » 58

II.3.3 Méthode pour mesurer la porosité d'un échantillon sous pression de confinement 60

II.4 Gonflement du mélange bentonite-sable compacté sous l'effet d'une pression de gaz et d'eau 61

II.4.1 Analyse du problème *in situ* et description du dispositif conçu au laboratoire 61

II.4.2 Evaluation de la pression de gonflement de plug bentonite-sable 63

II.4.3 Correction des perturbations thermiques (effets thermiques) 64

II.4.4 Définition de la pression de gonflement totale à l'équilibre et de la pression de gonflement effective 65

II.5 Essai de percée de gaz 66

II.5.1 Pourquoi effectuer cette mesure désignée aussi « Gas Breakthrough Pressure » (GBP) ou pression de percée ? 66

II.5.2 Méthode expérimentale pour mesurer le passage de gaz 67

II.5.3 Définition des percées de gaz discontinue /continue 67

Chapitre III - Essais de rétention d'eau en conditions libres ou conditions oedométriques 69

III.1 Essais de rétention d'eau dans des conditions oedométriques 71

III.2 Essai de rétention dans des conditions libres 73

III.2.1 Essai de rétention dans des conditions libres et juste après compactage 73

III.2.2 Essai de rétention dans des conditions libres (après essai de perméabilité au gaz) 76

III.3 Comparaison des essais de rétention d'eau : conditions libres et conditions oedométriques, juste après compactage 79

III.4 Conclusion 81

Chapitre IV - Etanchéité d'un bouchon de bentonite-sable compacté et partiellement saturé sous l'effet d'un confinement 82

IV.1 Perméabilité au gaz en conditions partiellement saturées : première série d'essais 83

IV.1.1 Variations de masse et de volume 84

IV.1.2 Perméabilité au gaz à l'état partiellement saturé en eau 85

IV.1.3. Bilan de la première série d'essais 87

IV.2 Perméabilité au gaz dans les conditions partiellement saturées : deuxième série d'essais 88

IV.2.1 Variations de masse et de volume 88

IV.2.2 Perméabilité au gaz initiale 92

IV.2.3 Effets couplés de la saturation et de la pression de confinement sur la perméabilité au gaz 94

IV.2.4 Comparaison des différents échantillons de la série S2 98

IV.2.5 Perméabilité sèche 99

IV.3 Perméabilité au gaz dans des conditions partiellement saturées: troisième série d'essais 100

IV.3.1 Variations de masse et volume 100

IV.3.2 Perméabilité effective au gaz en conditions partiellement saturées 102

IV.3.3 Perméabilité à l'état sec 105

IV.4 Influence de la pression de confinement sur la porosité 105

IV.5 Conclusion 107

Chapitre V - Gonflement et pression de percée en présence d'une pression de gaz et d'eau 108

V.1 Gonflement d'un plug de bentonite-sable (dans un tube aluminium- plexiglas) sans présence de gaz 111

V.1.1 Pression de gonflement 111

V.1.2 Pression de percée après gonflement 112

V.2 Gonflement d'un plug de bentonite (dans un tube Plexiglas-aluminium) avec pression de gaz P_{gaz}=4, 8/6MPa 115

V.2.1 Effets de la pression de gaz sur la pression de gonflement 115

V.2.2 Effet de la pression de gaz sur la pression de contact de l'interface plug-tube 118

V.2.3 Effet du gonflement avec pression de gaz sur la pression de percée 119

V.2.4 Effets d'une re-saturation et/ou d'une diminution de la pression de gaz imposée lors du gonflement 120

V.3 Effet de la hauteur d'échantillon sur la pression de gonflement et la pression de percée 125

V.3.1 Pression de gonflement 126

V.3.2 Effet de couplage entre la pression du gaz et de la déformation de la bentonite-sable pour l'échantillon A4 127

V.3.3. Re-saturation de l'échantillon A4 128

V.3.4 Essai de percée de gaz 130

V.4 Conclusion 131

Chapitre VI - Perméabilité à l'eau et pression de percée de l'interface bentonite-sable/argilite 132

VI.1 Gonflement et pression de percée d'un bouchon de bentonite-sable sans tube (échantillons D1 et D2) 133

VI.1.1 Essai de gonflement 133

VI.1.2 Essai de percée 135

VI.2 Gonflement et pression de percée d'un bouchon de bentonite-sable avec tube à surface interne rainurée (échantillons E1 et E2) 137

VI.2.1 Essai de gonflement 137

VI.2.2 Essai de percée 139

VI.3 Gonflement et pression de percée d'une maquette argilite-bentonite (échantillons F1 et F2) 143

VI.3.1 Essai de gonflement 143

VI.3.2 Essai de percée 145

VI.4 Conclusion **148**
Conclusion générale **150**
Références bibliographiques **152**
Annexe A - Simulation numérique **160**
   A.1 Loi de comportement **161**
      A.1.1 Imbibition capillaire 161
      A.1.2 Equation de Kelvin-Laplace 163
   A.2 Modèle géométrique et conditions aux limites **164**
      A.2.1 Modèle géométrique de la simulation numérique 164
      A.2.2 État initial 165
      A.2.3 Conditions aux limites 165
      A.2.4 Paramètres généraux **166**
   A.3 Schéma de modélisation **167**
   A.4 Résultats et discussion **167**
      A.4.1 État initial et définitions des points de surveillance 167
      A.4.2 Gonflement du plug de bentonite-sable avec P_w = 4 MPa, P_g = 0 MPa 169
      A.4.3 Gonflement du plug de bentonite-sable avec P_w = 4 MPa, P_g = 2 MPa 172
      A.4.4 Gonflement du plug de bentonite-sable avec P_w = 4 MPa, P_g = 4/6/8 MPa 173
   A.5 Résumé et conclusions **177**
   A.6 Travaux futurs **178**
Table des figures **179**
Liste des tableaux **188**
Liste des symboles **190**
Résumé **193**
Abstract **194**

Introduction générale

Contexte industriel

Les pays industrialisés génèrent des déchets de nature radioactive, liée à une instabilité du noyau atomique, et issus de différentes activités. L'industrie électro-nucléaire est le principal producteur de ces déchets, mais ils proviennent également de la médecine nucléaire, d'industries non nucléaires (comme par exemple l'extraction des terres rares), de l'utilisation passée d'éléments radioactifs (paratonnerres à l'américium, etc.) ou d'usages militaires (fabrication d'armes atomiques). En France, la classification des déchets radioactifs se distingue par le niveau de radioactivité, voir Tableau 1. En grande partie, ces déchets génèrent de la radioactivité sur des périodes importantes, jusqu'à plusieurs milliards d'années (uranium 238, thorium 23 notamment). On appelle demi-vie la durée nécessaire à la moitié des atomes du déchet pour qu'ils se désintègrent. L'uranium 238, le plus présent dans la nature et utilisé dans l'industrie électro-nucléaire, a une période de demi-vie de l'ordre de 4,5 milliards d'années, mais la réaction nucléaire le désintègre en plutonium 239, qui a une période de 24100 ans. Le plutonium 239 se désintègre en uranium 235, dont la période de demi-vie est de 704 millions d'années. En réalité, de nombreuses réactions nucléaires en chaîne se produisent, qui multiplient les isotopes radioactifs, dont les durées de vie (ou de demi-vie) sont significativement plus faibles que celles de l'uranium 238. L'Andra, Agence Nationale pour la Gestion des Déchets Radioactifs français, estime que les déchets à haute activité (dégageant de la chaleur) et à vie longue ont une période radioactive pouvant aller jusqu'à plusieurs millions d'années. Par exemple le neptunium 237 a une péridoe radioactive d'environ 2 millions d'années.

Pour de nombreux pays, le stockage à long terne des déchets radioactifs industriels de moyenne et longue vie est planifié dans des formations géologiques profondes, de type granitique (Suède, Canada), argileux (France, Belgique, Suisse notamment) ou dans une roche saline (Chine). En France, en collaboration avec des partenaires universitaires et institutionnels (CEA, EDF, etc.), l'Andra est chargée d'investiguer la faisabilité et la sûreté d'une solution d'enfouissement au sein d'une couche géologique située en Meuse/Haute-Marne. Un vaste réseau de tunnels y est régulièrement foré, au sein d'une roche argileuse très imperméable datant du Callovo-Oxfordien, nommée argilite. Le système de stockage envisagé doit être réversible, c'est-à-dire que les déchets doivent pouvoir être extraits du site s'ils sont à même d'être re-traités. Concrètement, le site est constitué de la barrière naturelle constituée par la roche argileuse, et de barrières artificielles, comprenant différents matériaux, tels que des bétons structurels et de remplissage, et des bouchons d'argile gonflante (bentonite ou mélanges bentonite/sable) pour le scellement des tunnels de stockage, voir Figure 1.

Parmi les problématiques liées à la sûreté du site, il est primordial d'investiguer les couplages thermiques (dus en particulier à la chaleur dégagée par les déchets), hydriques (liés à la dé-saturation générée par la phase de remplissage/ventilation des galeries de stockage), mécaniques (liées au chargement variable selon que les tunnels seront ouverts au stockage ou fermés après stockage) et chimiques (dus aux réactions au sein des éléments du milieu naturel ou artificiel) au sein des matériaux du stockage. En particulier, après la re-fermeture des galeries, il est prévu que différents processus (tels que la corrosion humide, la radiolyse de l'eau et la dégradation de matière organique) vont générer du gaz (principalement de l'hydrogène). Au départ, si l'on suppose que son taux de génération est très faible, le gaz sera en mesure de se dissoudre dans l'eau porale des matériaux du stockage. Avec une production plus intense, voire continue, des bulles de gaz initialement isolées vont finir par former une phase continue, et la pression du gaz va augmenter progressivement, jusqu'à une pression suffisante pour s'évacuer dans l'environnement, et permettre la fuite des radionucléides. L'un des objectif de l'Andra est de mieux connaître ces conditions de passage de gaz, afin de les éviter à moyen et long terme.

Tableau 1 Classification et modes de gestion des déchets radioactifs (Andra, 2012).

Activité	Période		
	Vie très courte (Période<100 jours)	Vie courte (Période ≤ 31 ans)	Vie longue (Période ≥31 ans)
Très faible activité (TFA)	Gestion par décroissance radioactive sur le site de production puis évacuation dans les filières conventionnelles	stockage de surface (centre de stockage des déchets de très faible activité de l'Aube)	
Faible activité (FA)		Stockage de surface (centre de stockage des déchets de faible et moyenne activité de l'Aube)	Sockage à faible profondeur (à l'étude dans le cadre de la loi du 28 juin 2006)
Moyenne activité (MA)			
Haute activité (HA)	Stockage réversible profond (à l'étude dans le cadre de la loi du 28 juin 2006)		

Contexte scientifique

La réalisation des ouvrages d'accueil des déchets va laisser des vides et des jeux qu'il faudra combler pour parfaire l'étanchéité du dispositif. De ce fait, il est prévu de mettre en place des barrières comprenant de l'argile gonflante, faites de mélanges de bentonite et de sable compactés. Le sable retenu est siliceux, pour permettre notamment une bonne stabilité mécanique. Ainsi, après fermeture des tunnels, il est prévu que l'eau souterraine viendra, au moins en partie, imbiber ces barrières, de telle façon que le gonflement argileux permettra le remplissage des vides et assurera l'étanchéité, du fait de la faible perméabilité permise par la bentonite (et sa grande teneur en smectite gonflante). Par ailleurs, la génération de gaz (hydrogène) au sein des galeries peut se produire simultanément au processus de gonflement des barrières ouvragées en bentonite-sable. Par conséquent, plusieurs questions sont investiguées dans cette thèse, et de façon plus spécifique :

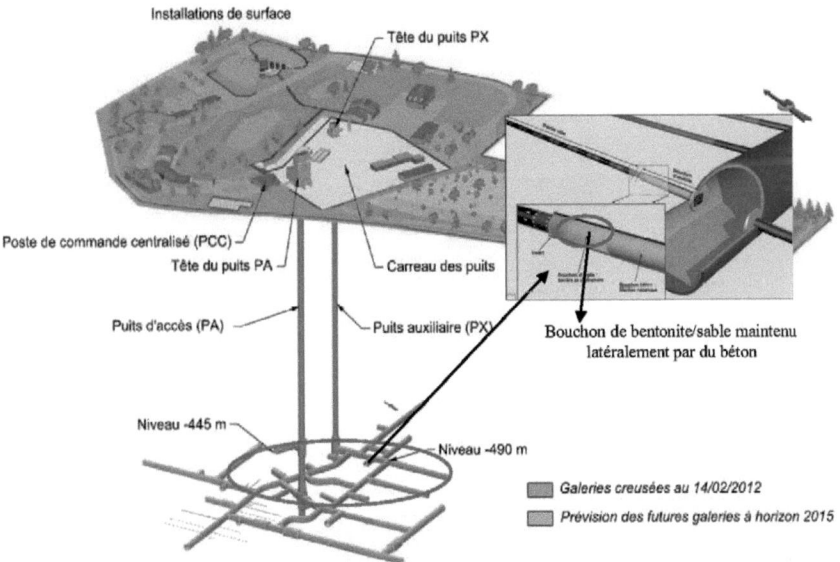

Figure 1 Plan du laboratoire souterrain avec ses installations souterraines et ses installations de surface (Andra, 2005; Andra, 2012).

1- Quelle est l'étanchéité effective de la partie centrale de la barrière faite de blocs de bentonite/sable assemblés ?

Pour sceller la galerie souterraine, la barrière argileuse est constituée de blocs (briques) de bentonite-sable compactée, disposés selon des tranches verticales, et mis en place avec un jeu initial (Villar and Lloret, 2007). Les mélanges de bentonite/sable sont généralement compactés à une teneur en eau considérée comme intermédiaire (w -15%), et ils sont mouillés progressivement par l'eau provenant de la roche hôte (l'argilite). Sur le long terme (100 ans environ, voir (King et al. 2001), il est prévu que les bouchons bentonite/sable seront complètement saturés, alors que des effets structurels sont attendus pendant le processus de saturation. En effet, au sein de la barrière argileuse, un important gradient de saturation en eau est présent entre son centre et sa partie périphérique, elle-même en contact avec l'argilite et l'eau souterraine, voir Figure 2 et (Villar et al., 2005; Villar and Lloret, 2007). Ainsi, la partie extérieure de la barrière massive est largement alimentée en eau, et gonfle au contact avec une roche hôte extrême rigide. Cette partie extérieure applique une pression de confinement à la zone centrale (ou noyau), qui, moins bien alimentée en eau (ne serait-ce que pour des raisons de cinétique de progression de l'eau souterraine), est partiellement saturée en eau. Une question importante se pose alors : dans quelles conditions de saturation partielle et de pression de confinement la partie centrale de la barrière de bentonite/sable est-elle étanche au gaz ?

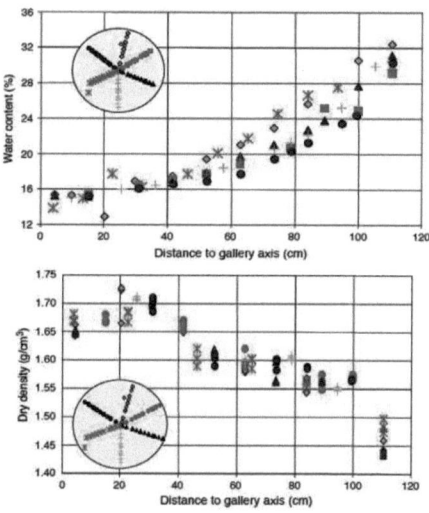

Figure 2 Teneur en eau (diagramme du haut) et densité sèche (diagramme du bas) d'une tranche verticale de la barrière FEBEX faite de bentonite, telles que mesurées le long de six lignes radiales différentes à partir du centre de la galerie, lors de l'expérience REBEX *in situ* (Villar et al., 2005). La densité sèche initiale de la bentonite FEBEX est 1,69-1,7 g/cm^3, sa teneur en eau initiale est d'environ 14%.

2- Quel est l'effet de la pression de gaz sur les propriétés de gonflement du mélange bentonite-sable ?

Comme indiqué précédemment, du gaz devrait être produit en parallèle du processus de gonflement du mélange bentonite-sable. Si le taux de production de gaz est supérieur à la vitesse d'évacuation du gaz, la pression de gaz dans les alvéoles de stockage augmentera progressivement. Dans cette situation, la présente thèse doit permettre de déterminer dans quelle mesure une pression de gaz (choisie jusqu'à 8MPa, i.e. similaire à la pression de gonflement attendue de la bentonite/sable) modifie ses propriétés de gonflement : ceci englobe à la fois la cinétique de gonflement, la pression de gonflement et la saturation en eau finale du bouchon.

3- Lorsqu'elle a lieu, par quel chemin se produit la migration de gaz : est-ce à travers la bentonite, argilite ou l'interface argilite-bentonite ?

Dans la structure de stockage telle qu'elle est planifiée, voir Figure 3 sur l'exemple de la structure de stockage envisagée par la Suisse, différents types d'interfaces sont présents : entre la bentonite et l'argilite, bentonite-béton, argilite-béton, etc. Une question se pose, qui consiste à déterminer si l'une de ces interfaces est un chemin privilégié pour le passage de gaz. La réponse à cette question devrait permettre de mieux comprendre comment la pression de gaz sera susceptible de se dissiper à travers la structure du stockage et la roche hôte, tout en évitant la fracturation hydraulique (due au gaz) d'une partie de la structure.

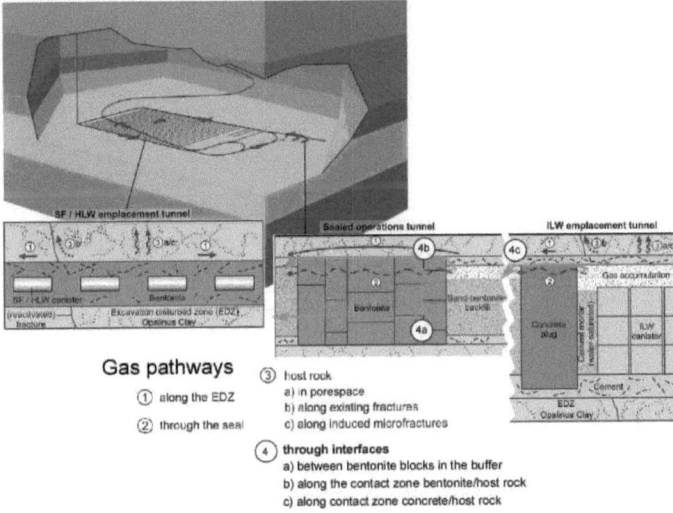

Figure 3 Schématisation des chemins possibles de migration de gaz dans l'argile à Opalinus (Marschall et al., 2008).

On notera qu'à l'heure actuelle, l'Andra mène une expérimentation *in situ*, appelée PGZ. Celle-ci est destinée à comprendre et évaluer les phénomènes décrits plus haut. Le problème de telles expérimentations réside dans une connaissance souvent imparfaite de ses conditions aux limites et à la difficulté d'obtenir des situations de sollicitations homogènes. L'expérimentation en laboratoire permet une meilleure maîtrise des conditions aux limites et de l'homogénéité des sollicitations : elle vient compléter utilement les investigations *in situ*, et contribuer à la modélisation numérique. En effet, pour permettre la prédiction du passage de gaz au travers de la structure de stockage, les modélisations numériques nécessitent un ensemble de propriétés des matériaux de scellement qui ne sont pas, à ce jour, toutes disponibles. Il s'agit en particulier de la perméabilité relative au gaz et à l'eau, des courbes de rétention d'eau (isothermes de sorption/désorption), de la pression de percée de gaz, etc.

Organisation du manuscrit :

Afin de répondre aux questions ci-dessus, toute l'étude présentée dans ce manuscrit est menée avec un seul mélange bentonite-sable donné, à proportion de sable, densité initiale et contenu en eau donnés. Le manuscrit est organisé de la façon suivante :

- **l'analyse bibliographique** relative à ces questions est présentée au Chapitre I, et les **méthodes expérimentales utilisées** sont décrites au Chapitre II.

- **les propriétés de rétention d'eau du mélange bentonite-sable** font l'objet du Chapitre III. Comme présenté précédemment, les mélanges bentonite-sable seront mis en place avec un jeu initial. Après avoir rempli ces vides, le gonflement de la smectite est limité par la roche hôte. Cela signifie que les conditions aux limites pour le gonflement de la bentonite-sable sont libres au début, puis oedométriques par la suite. Par conséquent, des essais de rétention d'eau sont effectués au laboratoire avec des conditions aux limites libres ou avec des conditions aux limites oedométriques, pour fournir les paramètres utiles à la simulation numérique, et en particulier la courbe de rétention d'eau.

- **l'étude des propriétés de transport (perméabilité au gaz) de la bentonite-sable sous l'effet d'une pression de confinement et en fonction de son degré de saturation en eau** est décrite au Chapitre IV. La perméabilité au gaz est utilisée comme indicateur de la performance des mélanges bentonite-sable à empêcher le transfert de gaz. L'objectif principal de cette partie est de répondre à la première question posée précédemment : est-ce que l'étanchéité au gaz peut être réalisé pour un mélange bentonite/sable partiellement saturé et soumis à un confinement ?

- **l'évaluation des propriétés de gonflement de la bentonite-sable (cinétique de pression de gonflement) sous l'effet conjugué d'une pression d'eau et d'une pression de gaz et la pression de percée de gaz associée** sont présentées au Chapitre V. Cette partie vise à répondre à la deuxième question, sur l'influence de la pression de gaz sur les caractéristiques de gonflement et de passage de gaz de la bentonite-sable. Le passage de gaz est évalué par la mesure de la pression de percée discontinue puis continue, comme dans (Davy et al., 2012).

- **l'identification de la pression de percée de gaz conduisant à la migration à travers l'interface bentonite-argilite** est proposée au Chapitre VI. Cette interface est reproduite au laboratoire et représentée par une maquette cylindrique de révolution (tube d'argilite rempli d'un bouchon de bentonite/sable). Cette partie expérimentale doit permettre d'évaluer l'état de scellement de l'interface au moyen de la mesure de perméabilité à l'eau. De plus, l'utilisation d'une maquette dédiée originale (faite d'un tube à surface interne rainurée) permettra d'identifier le chemin préférentiel de passage du gaz, dans la masse de la bentonite-sable ou à l'interface tube-bouchon. Cette partie va répondre à la troisième question concernant les voies de passage du gaz.

- En Annexe A, **la simulation numérique de la saturation progressive en eau et du gonflement de la bentonite/sable en présence (ou non) d'une pression de gaz et d'eau** est effectuée au moyen d'un modèle homogène par éléments finis, et elle est comparée aux résultats expérimentaux présentés aux Chapitres III et V. L'idée principale de cette simulation est de déterminer l'influence de la pression de gaz sur la cinétique de saturation et sur la pression de gonflement de la bentonite-sable. Nous tâcherons également de comprendre les mécanismes d'écoulement du gaz et de l'eau à travers l'échantillon de bentonite-sable.

Chapitre I - Etude bibliographique

Sommaire

Chapitre I - Etude bibliographique 14
1. Microstructure de la bentonite 15
2. Rétention d'eau et gonflement/retrait de la bentonite 21
    2.1 Description élémentaire 21
    2.2 Combinaison des mécanismes de rétention d'eau 24
    2.3 Courbe de rétention d'eau 26
    2.4 Représentation géométrique des pores et modèles associés 27
    2.5 Gonflement/retrait de la bentonite 29
3. Perméabilité au gaz et à l'eau 34
    3.1 Concepts de base 34
    3.2 Relation avec la conductivité hydraulique 37
    3.3 Méthodes de mesure de la perméabilité sous chargement mécanique 37
    3.4 Perméabilité à l'eau et au gaz de la bentonite 37
4. Migration de gaz 40
    4.1 Mécanismes potentiels de migration de gaz dans un dépôt géologique 41
    4.2 Méthodes de mesure existantes de la cinétique et/ou de la pression passage de gaz....44
    4.3 Etudes de la migration de gaz au travers de matériaux ou à l'interface entre matériaux différents 46
5. Autres facteurs influençant le gonflement et les performances hydrauliques de la bentonite 48
    5.1 Effets osmotiques 48
    5.2 Effets thermiques 49

Introduction

Cette thèse utilise uniquement un mélange de 30% de sable siliceux TH1000 et de 70% d'argile gonflante MX80 de référence GELCLAY WH2, qui est une bentonite sodique pure naturelle venant du Wyoming USA (Gatabin, 2005). Ce matériau a été choisi par l'Andra pour le stockage profond.

Ce chapitre présente un état de l'art des connaissances sur les matériaux de cette étude (bentonite essentiellement) et leurs principales propriétés utiles à l'étude à venir: leur microstructure fine, leurs propriétés de rétention d'eau et de gonflement/retrait associé, leurs capacités de transfert de fluide (eau, gaz), principalement par perméation. Nous présentons également les mécanismes potentiels de migration de gaz au travers des matériaux faiblement poreux, avec une application particulière aux argiles telles que la bentonite (matériaux à résistance nulle en traction). Enfin, nous présentons les principaux facteurs qui influent sur le gonflement et la perméation de la bentonite, tels que les effets osmotiques, la température, etc.

I.1 Microstructure de la bentonite

Pourquoi la bentonite possède-t-elle une grande capacité de gonflement et de retrait, une faible perméabilité (au gaz et à l'eau) et une faible capacité de transport d'ions à l'état saturé ? Pour répondre à ces questions, il est essentiel de connaître la microstructure fine de la bentonite et sa composition chimique. On verra ci-dessous que la bentonite, comme tous les matériaux à dominante argileuse, n'est pas un matériau cohésif (son squelette solide n'a pas de cohésion, comme pour tout sol ou matériau granulaire), et qu'elle est amorphe (elle a un arrangement microstructural relativement désordonné).

La bentonite est une argile de la famille des smectites, constituée principalement (à 80% environ) de montmorillonite $(Na,Ca)_{0.33}(Al,Mg)_2Si_4O_{10}(OH)_2 \cdot (H_2O)_n$ (n est son degré d'hydratation). Son appellation vient de Fort Benton (Wyoming, USA) d'où elle est principalement extraite, tout comme le terme de montmorillonite qualifie la smectite issue des environs de Montmorillon (Vienne, France). Du point de vue chimique, il existe deux grandes classes de bentonite pure: 1) la bentonite à base de sodium et 2) la bentonite à base de calcium (ou pascalite). La capacité d'adsorption de la bentonite sodique est significativement plus élevée que celle de la bentonite calcique, qui n'est pas une argile gonflante.

A l'échelle de l'arrangement atomique, les smectites sont dites de type 2 :1 ou TOT: elles sont faites d'une couche d'atomes arrangés sous forme d'octaèdres (couche octaédrique O) qui est prise en sandwich entre deux feuillets tétraédriques T à base de silice (ou d'alumine), voir Figure I.1 (a). Un cristal (ou feuillet) élémentaire d'une telle argile est fait des trois couches alternées TOT. Chaque couche externe T est chargée négativement, grâce aux groupements hydroxyles –OH situés à sa surface. De ce fait, le feuillet élémentaire est généralement lié à un certain nombre d'autres feuillets via des cations dits échangeables, qui sont capables de se lier plus ou moins avec des molécules d'eau (par liaison de type Van der Waals). La nature chimique de l'argile dépend essentiellement de celle des atomes de la couche élémentaire octaédrique, et de la nature des cations échangeables entre feuillets. Lorsque les cations sont sodiques (Na$^+$), la capacité d'accepter des molécules d'eau en surface est maximale, et les feuillets auront la capacité maximale à s'éloigner ou à se rapprocher les uns des autres selon la quantité d'eau insérée, i.e. ils auront une capacité de gonflement/retrait maximale, voir Figure I.1 (b). Lorsque les cations sont Ca^{2+}, la smectite gonfle également, mais dans des proportions moins importantes que lorsqu'elle possède des cations échangeables Na$^+$ majoritaires, voir Lee et al. (2012). A l'état complètement hydraté, la distance entre deux feuillets élémentaires est de l'ordre de 14Å, alors qu'elle n'est que de 7,1 Å pour une argile non gonflante telle que la kaolinite (Harpstead et Hole, 1980). A l'échelle macroscopique, le matériau gonfle également.

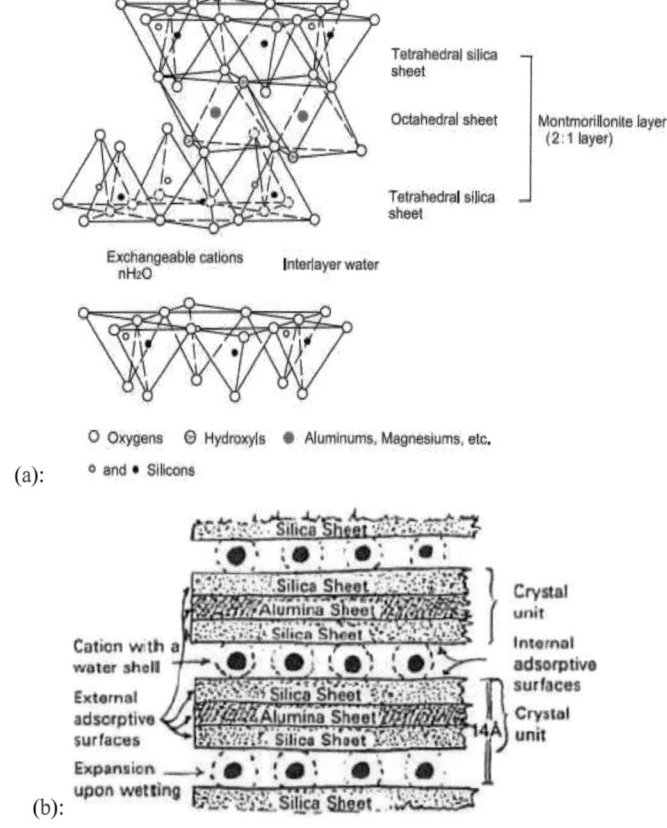

Figure I.1 (a) Structure des feuillets élémentaires (ou cristaux élémentaires) des argiles de type montmorillonite à l'échelle de l'arrangement atomique (Komine, 2004); (b) La liaison inter-feuillets (ou inter-cristaux) élémentaires de montmorillonite se fait via des cations échangeables (Na^+ ou Ca^{2+}) capables de se lier avec des molécules d'eau, et qui donnent une bonne capacité de gonflement à l'ensemble (Harpstead et Hole, 1980).

En effet, l'organisation des feuillets argileux depuis l'échelle élémentaire jusqu'à l'échelle macroscopique est très spécifique à ces minéraux, et elle en fait des matériaux dits amorphes, du fait d'un arrangement relativement désordonné au delà de quelques feuillets élémentaires empilés. Le Pluart et al. (2004) ont proposé trois échelles distinctes (ou unités structurales) pour définir la phase solide du système argileux : le feuillet, la particule et l'agrégat, voir Figure I.2.

(a) Les feuillets (ou cristaux élémentaires) sont les unités structurales de base définissant la nature minéralogique, l'appartenance au type d'argile, les propriétés physico-chimiques ainsi que le comportement macroscopique. C'est à leur échelle que les argiles sont polarisées, avec des charges négatives à leur surface, qui leur permettent de se lier avec des cations échangeables, voir ci-dessus et Figures Figure I.1 (a) et (b). Ainsi, grâce à leurs charges négatives en surface, les argiles (et les smectites en particulier) disposent d'excellentes capacités d'adsorption et d'échange cationique, et donc d'une excellente capacité de rétention des radionucléides cationiques issus des déchets radioactifs, voir Guillaume (2002).

(b) Un empilement de feuillets identiques et en parallèle (généralement 5 à 10 feuillets) constitue une particule primaire. Les particules constituent le premier niveau d'organisation. Les forces de cohésion entre feuillets sont plus faibles que celles existant au sein du feuillet : leur intensité dépend des cations échangeables et des molécules d'eau présentes entre les feuillets élémentaires (ceci dépend également de la nature de l'argile considérée). A cette échelle, les minéraux argileux sont dits interstratifiés lorsqu'ils sont constitués par un empilement, régulier ou non, de feuillets élémentaires de natures différentes. Les plus fréquents sont les interstratifiés de type smectite/illite ou de type smectite/chlorite, illite et chlorite étant deux familles d'argiles non gonflantes. Un minéral interstratifié est considéré comme irrégulier si l'empilement des différents types de feuillets est aléatoire, c'est-à-dire si aucune séquence répétitive ne se dessine. A l'inverse, un minéral interstratifié est considéré comme régulier si l'empilement des différents types de feuillets qui le composent se fait selon des séquences répétitives. Dans ce cas, l'ordre cristallin est semblable à celui rencontré dans les minéraux simples et le spectre de diffraction de rayons X (DRX) permet de le détecter, voir (Guillaume, 2002).

(c) A l'échelle de l'agrégat, l'argile est constituée d'un ensemble de particules primaires orientées de façon aléatoire (i.e. dans toutes les directions), jusqu'à former des amas de taille micronique (de 0,1 à 10 microns). L'arrangement est gouverné par le type de forces résultant des interactions entre particules (et du degré de compaction).

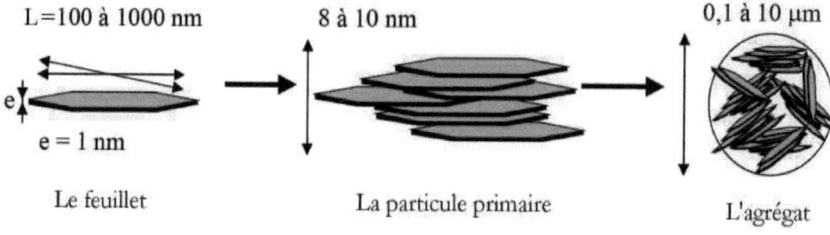

Figure I.2 Structure multi-échelle de la montmorillonite (Le Pluart et al., 2004).

Composition minéralogique complète d'une bentonite.

A partir de résultats obtenus par diffraction aux rayons X (DRX), Guillaume (2002) montre que la bentonite MX80 (constituée de 80% de montmorillonite et 20% de minéraux non argileux) ne comporte qu'un seul minéral argileux smectititique, qui présente deux cations interfoliaires Na^+ et Ca^+ différents, tous les deux permettant un gonflement significatif en présence d'eau. Par ailleurs, ces essais montrent que la bentonite MX80 ne présente pas d'interstratifiés ordonnés (type smectite/illite ou smectite/chlorite), ou bien il s'agit d'interstratifiés désordonnés contenant moins de 15 à 20% de feuillets non gonflants : les capacités de gonflement de la bentonite ne sont pas altérées par rapport à la montmorillonite pure.

Hormis la montmorillonite, la bentonite naturelle contient également des minéraux accessoires, comme le quartz, le mica (biotite ou phlogopite), les feldspaths (plagioclase ou feldspaths alcalins), la pyrite ou les carbonates (calcite, ankérite, sidérite). A titre d'exemple, Prêt et al. (2010) et Guillaume (2002) présentent une caractérisation quantitative des minéraux de la même bentonite MX80 à l'état sec, voir Tableaux I.1 (a) et (b). On constate que la montmorillonite représente la majeure partie de la composition, comprise entre 79,2 et 84% massique. A partir d'observations au Microscope Electronique à Balayage avec Spectrométrie par Diffraction de Photons (MEB+EDS) et d'une analyse d'images 2D, une cartographie minéralogique de cette bentonite est déterminée par Prêt et al. (2010), voir Figure I.3: alors que la montmorillonite représente la plus grande partie de la surface, elle révèle une forte hétérogénéité texturale résultant de l'association des grains de poudre d'argile avec les minéraux accessoires divers. Les plus petits grains de minéraux accessoires sont généralement éparpillés à l'intérieur des grains d'argile, tandis que les plus grands sont principalement intercalés entre eux. La porosité est représentée en noir, et présente un réseau connecté à l'échelle d'observation (résolution 3microns/pixel), fait de passages fins et étroits inter-connectant des pores plus gros (tailles de pores non analysées dans la publication).

Tableau I.1 (a) Composition minéralogique d'une bentonite MX80 à l'état sec à partir de cartographies MEB+EDS (Prêt et al., 2010) ; (b) Composition minéralogique d'une bentonite MX 80 (brut quarté) dans les conditions ambiantes et à 105°C à partir d'analyses chimiques globales (Guillaume, 2002).

(a):

Mineral	wt%
Montmorillonite	80–84
Biotite	2.5–4.3
Quartz	6–7
Plagioclase	3.4
Alkali feldspar	1.2
Zircon	–
Calcite-ankerite-siderite	0.5–1.6
Phosphate (CaNa)	0.3
Hematite-magnetite	–
Rutile	–
Pyrite	0.6
Sphalerite	–
Anhydrite	–
Barite-celestine	–
Total	94.5–102.4

(b):

	Proportion (%) "P and T ambient"	Proportion (%) "without molecular water" drying at 105 °C
Montmorillonite	70.6±2.7	79.2±3.0
Phlogopite 1M	2.7±2.7	3.0±3.0
Pyrite	0.5	0.6
Calcite	0.7±0.5	0.8±0.6
Ankérite	1.0±0.3	1.1±0.4
Anatase	0.1	0.1
Plagioclase	8.2±2.7	9.2±3.0
Feldspath K	1.8±1.8	2.0±2.0
Phosphate	0.6	0.6
Quartz+cristobalite	2.5±2.5	2.8±2.8
Fe_2O_3	0.4±0.3	0.5±0.4
Molecular water	10.8	–
Organic carbon	0.1	0.1
Total	100	100

Effet de la présence de sable dans les bouchons de bentonite.

Les bouchons étudiés dans cette thèse contiennent 30% en masse de sable siliceux, ce qui a notamment un effet bénéfique sur la microstructure de la bentonite. Par exemple, Zhang et al. (2012) ont comparé la bentonite chinoise GMZ (composée 75,4% de montmorillonite, 11.7% de quartz, 7,3% de cristobalite, 4,3% de feldspath, 0,8% de kaolinite, 0,5% de calcite) avec des mélanges bentonite GMZ-sable (70%/30% en masse). A partir de la mesure de la pression de gonflement en conditions oedométriques (voir plus loin), ils ont constaté que les mélanges bentonite-sable présentent une meilleure résistance aux attaques chimiques dues à l'eau souterraine que la bentonite pure, du fait d'une plus faible proportion d'argile gonflante.

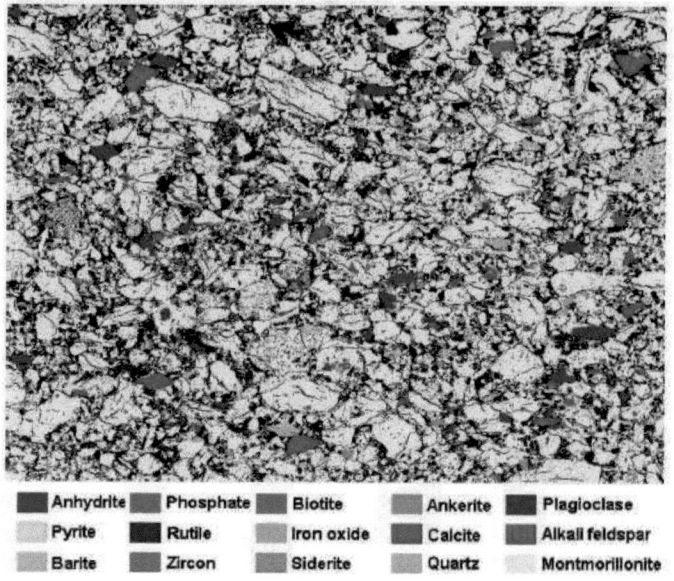

Figure I. 3 Carte des minéraux (en couleurs) et de la macroporosité (en noir) d'une zone de (3 mm × 2,3 mm; carte avec un temps de balayage de 50 ms) de bentonite MX80 stabilisée par imprégnation au MMA, obtenue au MEB/EDS+analyse d'images (résolution 3microns/pixel). La flèche blanche indique le seul cristal de zircon identifié (Prêt et al., 2010).

Réseau poreux d'une bentonite.

La Figure I.4 donne un exemple de la distribution de taille de pores de la bentonite MX80 compactée en fonction de la pression de compactage appliquée (Poisson J, 2002). Plus la pression de compactage est élevée, plus la densité sèche de la bentonite augmente. On observe que le plus petit pic de taille de pores (8 à 10nm) est semblable quelle que soit la pression de compactage (i.e. quelle que soit la densité sèche), tandis que le plus grand pic de taille de pores (de 0,4 à 20 microns) diminue notablement avec la pression de compactage (et avec la densité sèche). Cela signifie que l'augmentation de la densité sèche de l'échantillon par compactage mécanique permet de réduire la taille des mésopores ou des macropores (de 20 à 0,4microns), mais n'a pas d'effet significatif sur les micropores (de 8 à 10nm). Ces micropores ont une taille équivalente à celle de la particule élémentaire, i.e. ils sont situés entre les particules élémentaires, à l'échelle inter-particulaire et au sein de l'agrégat argileux, voir Figure I.2. En conséquence, les variations de la densité sèche, et également de la porosité, sont essentiellement liées aux changements de taille des macropores et des mésopores. Des observations similaires sont également faites par Hoffmann et al. (2007), Musso et Romero (2012).

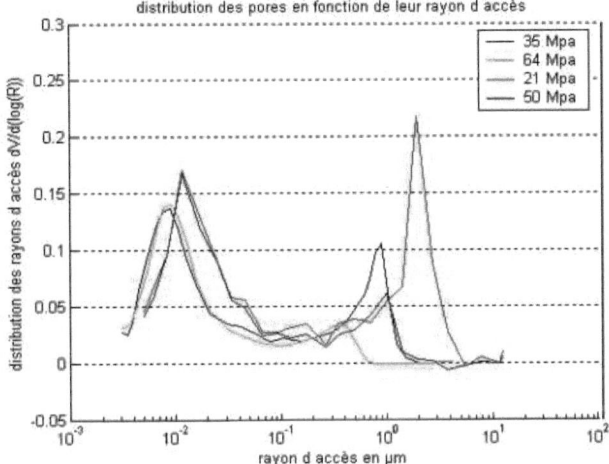

Figure I.4 Distribution de taille des pores d'une bentonite MX-80 compactée à différentes pressions (Poisson J, 2002 cité dans Montes-H, 2002).

I.2. Rétention d'eau et gonflement/retrait de la bentonite

Comme présenté précédemment, les particules de bentonite gonflent lorsqu'elles sont exposées à l'eau. En lien direct avec ce phénomène, il est important de décrire la capacité de la bentonite à se remplir ou à se vider de son eau de la bentonite en fonction de l'humidité relative extérieure HR qu'elle subit : ceci est fait au moyen de la courbe de rétention d'eau (ou Water Retention Curve WRC), qui donne la relation expérimentale entre la teneur en eau $w\%$ (ou le degré de saturation en eau S_w) et HR, voir ci-dessous. Ces courbes sont obtenues à l'équilibre thermodynamique (et en pratique à stabilisation de la masse) de la bentonite, à la suite de mécanismes de saturation/dé-saturation qui sont caractérisés par des cinétiques relativement longues (processus quasi-statiques). Les principaux mécanismes sont décrits ci-dessous. A ce stade, on ne tient pas compte du transfert d'eau par perméation.

I.2.1 Description élémentaire

(a) Adsorption

L'adsorption est le phénomène d'adhérence des molécules d'un gaz, d'un liquide ou d'un solide dissous, à la surface d'un solide, ou parfois d'un liquide. La désorption est le mécanisme inverse (perte d'adhérence de molécules à la surface d'un solide). On résume sous le terme de sorption les deux phénomènes d'adsorption et de désorption. Le mécanisme d'adsorption est différent du processus d'absorption, qui correspond au passage d'une substance dans ou à travers un autre milieu (dans la masse, non localisé en surface).

Kadlec et al. (1969) ont montré qu'à température ambiante, le processus d'adsorption à la surface d'un pore est prépondérant jusqu'à superposer 7 à 10 molécules d'eau. Sachant que le diamètre de la molécule d'eau peut être estimé comme étant de l'ordre de 3 Å, voir Odutola et al. (1980), cela signifie que la sorption est prépondérante pour des pores plus petits que 2,1-3,0nm. Ce type de pores n'est pas prépondérant dans le cas de la bentonite, voir ci-dessus. Au-delà de 2,1-3nm, la sorption et la capillarité (voir ci-dessous) ont lieu de façon simultanée à l'interface eau/gaz. Différents modèles (BET, Lifshitz notamment) permettent de décrire l'épaisseur du film d'eau adsorbé, voir Daïan (2010).

Dans cette thèse, nous nous intéressons à la sorption d'eau sous différentes humidités relatives (*HR*). L'humidité relative de l'air correspond au rapport entre la pression partielle de vapeur dans un mélange air-eau et la pression de vapeur saturante à une température donnée. Une *HR* fixe et connue est généralement obtenue dans l'atmosphère située juste au-dessus d'une solution saline sur-saturée, à une température donnée (Greenspan, 1977). Expérimentalement, on utilise une cloche hermétique pour maintenir l'atmosphère à une *HR* donnée, et on fait varier l'*HR* en modifiant le sel utilisé, mais toujours en restant à température constante. L'équilibre thermodynamique entre eau liquide et vapeur d'eau s'écrit à température donnée et à pression ambiante sous la forme de la loi de Kelvin :

$$p_c = p_g - p_l = -\rho l \frac{RT}{M_\tau} ln(HR) \qquad (I.1)$$

où p_c est la pression dite capillaire, égale à la différence entre la pression du gaz (air) p_g et la pression p_l de l'eau à l'interface eau/air, ρ_l est la masse volumique de l'eau, R est la constante des gaz parfaits, T est la température considérée (en Kelvins), M_v est la masse molaire de l'eau (18g/mol), et *HR* est l'humidité relative considérée. En mécanique des sols, la relation psychrométrique qui relie p_c et *HR* à température T et pression ambiante est communément utilisée, de sorte que de nombreux travaux sont présentés avec le paramètre p_c (appelé communément succion) et pas directement avec l'*HR* extérieure imposée ou mesurée.

(b) Diffusion

Les deux lois de Fick décrivent le processus de diffusion, et en particulier la diffusion des molécules d'eau dans l'air. La première loi de Fick relie le gradient de concentration des molécules d'eau dans l'air avec une hypothèse d'état stationnaire. La seconde loi de Fick prédit l'évolution dans le temps de la concentration de molécules d'eau dans l'air (Grank, 1975).

Première loi de Fick :

$$J = -D\nabla C \qquad (I.2)$$

Deuxième loi de Fick :

$$\frac{\partial C}{\partial t} = div(D\nabla C) \qquad (I.3)$$

où, J est le flux de molécules ($kg/m^2 \cdot s$), D est le coefficient de diffusion (m^2/s), C est la concentration de molécules (kg/m), t est le temps de diffusion.

En pratique, (Philip et Vries, 1957 ; Goyal et al., 2006) décrivent la diffusion de l'eau au sein d'un milieu poreux via un coefficient de diffusion effectif D_e, lié au milieu considéré, et en remplaçant la concentration C de l'eau dans l'air par l'un des deux paramètres suivants :

- la teneur en eau θ_ω ou $w(\%) = (m_{courante} - m_{sèche})/m_{sèche}$, où $m_{courante}$ est la masse courante et $m_{sèche}$ est la masse à l'état sec. Le paramètre $w(\%)$ est défini par rapport au seul état de référence sec du matériau. Par convention, celui-ci est obtenu après séchage en étuve à 65 ou 105°C jusqu'à stabilisation de la masse de l'échantillon considéré.

- le degré de saturation en *eau* $S_w = (m_{courante} - m_{sèche})/(m_{saturée} - m_{sèche})$, où $m_{saturée}$ est la masse à l'état complètement saturé en eau. S_w est défini à la fois par rapport à l'état complètement sec et l'état complètement saturé du matériau. Pour la bentonite (matériau non cohésif), l'état de référence complètement saturé est pris après stabilisation de sa masse lorsqu'il est placé en enceinte climatique à 100% HR.

Certains auteurs (Kim et Lee, 1999 ; Li et al., 2009) expriment la diffusion de l'eau dans l'air interne au milieu poreux via le paramètre d'humidité relative *HR* :

$$\frac{\partial HR}{\partial t} = div(D_{HR} \nabla HR) \tag{I.4}$$

où *HR* est l'humidité relative intérieure au milieu poreux, D_{HR} est le coefficient de diffusion de l'humidité relative. Malheureusement, aucun moyen de mesure ne nous est connu, donnant directement l'*HR* interne à un matériau poreux, et permettant de déterminer D_{HR}.

(c) Capillarité

L'écoulement diphasique en milieu poreux se produit sous deux formes, l'imbibition et le drainage, qui dépendent des propriétés de mouillage des fluides considérés. L'imbibition capillaire est décrite comme une pénétration spontanée d'une phase mouillante (par exemple l'eau) dans un milieu poreux tout en déplaçant une phase non mouillante (l'air), au moyen d'une pression capillaire. Lorsque les pores sont quasi saturés en phase mouillante, dès que ces pores sont en contact avec une atmosphère à faible humidité relative, un transfert de l'eau liquide se produit de l'intérieur vers l'extérieur à cause des forces capillaires: c'est le drainage.

La loi de Laplace ou de Washburn (1921) décrit le phénomène de capillarité eau/air au sein d'un tube cylindrique de révolution vertical et de rayon a, voir Figure I.5. L'interface entre les deux fluides forme un ménisque, qui est une portion de surface d'une sphère de rayon *R*. La loi de Laplace relie alors la pression capillaire P_{cap} au rayon R du ménisque par :

$$P_{cap} = \frac{2\gamma}{R} \tag{I.5}$$

où γ est la tension superficielle entre le liquide et le gaz (en *N/m*). Le rayon de la sphère est fonction uniquement de l'angle de contact, θ, qui, à son tour dépend des propriétés de mouillabilité des fluides et des solides en contact (en général θ=0 pour l'eau) :

$$R = \frac{a}{\cos\theta} \tag{I.6}$$

de sorte que la pression capillaire peut s'écrire:

$$P_{cap} = \frac{2\gamma \cos\theta}{a} \qquad (I.7)$$

soit pour l'interface eau/air :

$$P_{cap} = \frac{2\gamma}{a} \qquad (I.8)$$

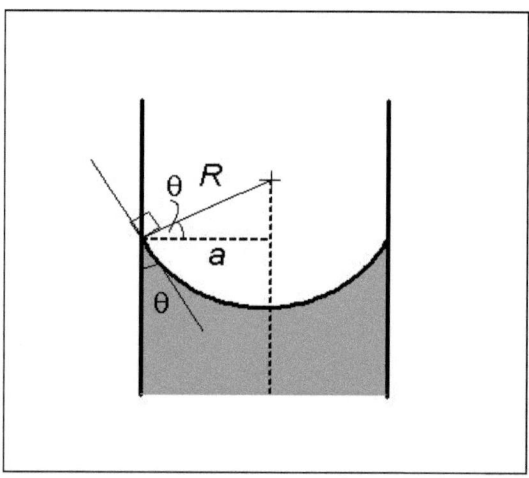

Figure I.5 Equilibre capillaire eau/air dans un pore représenté par un tube cylindrique de révolution.

Dans le cas d'un milieu poreux, a est le rayon du pore représenté par un tube cylindrique de révolution, soumis à la pression capillaire P_{cap}. Cette équation est appelée équation de Young-Laplace : elle n'est valable qu'à l'équilibre capillaire.

Cette équation est combinée à la relation de Kelvin (sous la forme de la relation de Kelvin-Laplace) pour décrire le diamètre $d=2a$ du plus grand pore à l'interface eau/air, à T et HR données (et pression ambiante) :

$$d = \frac{4\gamma M_v}{RT\rho_l \ln(HR)} \qquad (I.9)$$

On notera que, dans un milieu poreux, la capillarité est directement affectée par les caractéristiques du réseau de pores, telles que la taille de pores, leur géométrie, leur connectivité et la topologie de la structure du réseau poral (Beck et al., 2003, Meher et al., 2011). Nous y reviendrons au paragraphe 2.4.

I.2.2 Combinaison des mécanismes de rétention d'eau

A l'échelle macroscopique d'un échantillon représentatif de matériau, à température et HR donnés, le contenu en eau est défini soit par la teneur en eau θ_ω ou $w(\%)$, soit au moyen du degré de saturation en eau S_w. Dans le cas de la bentonite, les deux états de référence (complètement sec ou complètement saturé) correspondent à des modifications microstructurales importantes, marquées par un fort retrait (état sec) ou par un fort gonflement (état saturé) (Villar et al., 2012). De ce fait, à la fois $w(\%)$ et S_w correspondent à des contenus en eau « artificiels », définis vis-à-vis d'un (ou deux) état(s) de référence pour lesquels le réseau poreux a été grandement modifié. Aucun de ces deux paramètres n'est pleinement satisfaisant : $w(\%)$ est utilisé plutôt par les mécaniciens des sols (Villar et al., 2012), alors que S_w est davantage utilisé en mécanique des roches et des bétons (M'Jahad, 2012).

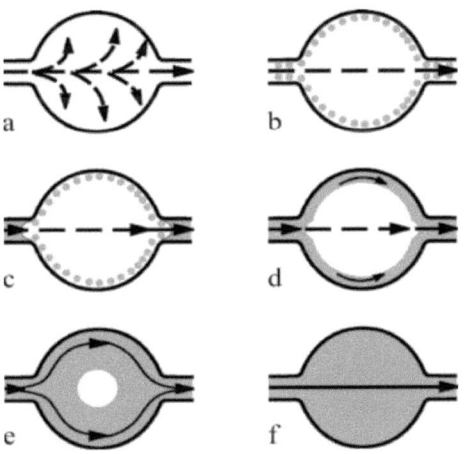

Figure I.6 Transport d'eau dans un pore capillaire: a. diffusion de la vapeur, début de l'adsorption; b. diffusion de la vapeur, adsorption mono- et multi-moléculaires; c. diffusion de la vapeur, condensation capillaire, écoulement capillaire dans les gorges (diamètres les plus fins du réseau poreux); d. diffusion de la vapeur, diffusion de surface, écoulement capillaire; e. écoulement capillaire, état non saturé; écoulement capillaire dans le pore, état saturé. (Franzen et Mirwald, 2004; Klopfer, 1997).

Les propriétés de rétention d'eau sont liées à la structure des pores du milieu considéré et au niveau d'humidité relative extérieure qu'il subit. Elles sont régies par la combinaison de différents processus (Rose, 1963 ; Camuffo, 1998, Beck et al., 2003 ; Franzen et Mirwald, 2004 ; Benavente et al., 2009), voir Figures I.6. A partir d'un état de départ entièrement sec, les processus se développent de la façon suivante :

- A une humidité relative très faible (prédite à moins de 0,01% par la loi de Kelvin-Laplace à 20°C), la surface des pores commence à se recouvrir d'une monocouche de molécules d'eau. Les mécanismes de transport sont la diffusion de vapeur, la diffusion de Knudsen et le flux massique de la phase gazeuse.

- Avec l'augmentation de l'humidité relative, davantage de couches de molécules d'eau sont absorbées sur la surface des pores. Au sein des couches multimoléculaires d'eau, un écoulement de surface se produit, c'est un mécanisme de transport secondaire plus efficace que les seules diffusion/adsorption.
- À une humidité relative correspondant à la transition adsorption/capillarité (lorsqu'on a 7 à 10 molécules d'eau en parallèle, soit HR=37,5 à 50% selon la loi de Kelvin-Laplace à 20°C), l'eau remplit entièrement les pores les plus petits (de 2,1 à 3nm) : c'est le début de la condensation capillaire.
- Avec l'augmentation de la teneur en eau dans le matériau, les forces capillaires commencent à régir l'écoulement du liquide interne : elles sont activées dans la gamme des diamètres de pores entre 0,3 μm et $1mm$.
- Enfin, l'écoulement advectif (par perméation) du liquide se produit lorsque le matériau est rempli d'eau de façon continue, et qu'un gradient de pression d'eau existe au sein du milieu poreux.

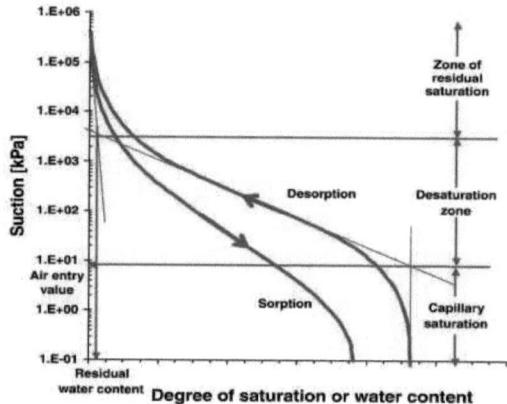

Figure I.7 Eléments typiques des courbes de rétention d'eau d'un milieu granulaire fin (sol) (Nam et al., 2009, Sillers et al., 2001).

I.2.3 Courbe de rétention d'eau

La courbe de rétention sol-eau (soil-water retention curve SWRC), également connu sous le nom de courbe caractéristique sol-eau (soil-water characteristic curve SWCC), décrit la relation entre la teneur en eau et la succion dans les sols non saturés, dont on peut considérer que la bentonite fait partie, voir par exemple la Figure I.7. La relation entre la succion du sol et la teneur en eau sont des paramètres importants qui affectent de nombreuses propriétés géotechniques des sols non saturés, y compris la perméabilité, le changement de volume, la déformation et la résistance au cisaillement (Barbour, 1998). On peut observer un comportement différent entre la sorption (imbition) et la désorption (drainage), voir Figure

I.7. Plusieurs modèles existent pour décrire la SWRC/SWCC, l'un des plus largement utilisés étant celui de Van Genuchten (1980) :

$$S_w = \left(1 + \left(\frac{P_c}{P_r}\right)^n\right)^{-m} \qquad (I.10)$$

où S_w représente la saturation à l'eau, P_c la pression capillaire, n et P_r étant deux paramètres du modèle se rapportant à la distribution de taille de pore du matériau. m est un paramètre qui dépend de n : pour les sols, la relation $m = 1 - \frac{1}{n}$ est couramment utilisée.

I.2.4 Représentation géométrique des pores et modèles associés

Pour un milieu poreux dont le squelette solide ne change que très peu de volume (ni gonflement, ni retrait), il existe plusieurs modèles permettant de représenter la géométrie du réseau poreux. Les deux principaux modèles sont décrits ci-dessous :

(a) Modèle de pores cylindriques en parallèle

L'élément cylindrique est la forme de pore la plus simple pour la formulation mathématique de l'adsorption et du phénomène capillaire (imbibition/drainage) : en particulier, la loi de Laplace est directement applicable. L'ensemble des pores est représenté par un ensemble de tubes cylindriques de révolution de diamètre variable, tous débouchant d'une extrémité à l'autre du matériau, voir Figure I.8 (a) and (b). De nombreux modèles conceptuels, basés sur ce modèle, sont utilisés pour prédire la proportion d'eau dans le milieu poreux (teneur en eau ou degré de saturation), le flux et le transport de solutés (perméation et diffusion), en particulier pour les milieux poreux saturés (Tuller et al., 2004; Mualem, 1976 ; Millington et Quirk, 1961). Avec ce type de modèle, selon la loi de Kelvin-Laplace, pour un milieu poreux initialement sec, lorsque l'humidité relative de l'air ambiant augmente, les pores les plus petits seront remplis avant les pores plus grands : une plus grande remontée capillaire se produit dans des pores les plus petits, qui ont de plus petits rayons de courbure du ménisque, voir Figure I.8 (b). Inversement, pour un milieu poreux initialement saturé, quand l'humidité relative de l'air ambiant diminue les pores les plus grands seront vidés avant les pores les plus petits.

Le modèle cylindrique croisé suppose également que chaque pore est représenté par un cylindre de révolution, et qu'ils s'interpénètrent entre eux, voir Figures I.9 (a) et (b) : ce modèle est basé sur l'idée que l'espace des pores peut être représenté par un réseau interconnecté de tubes dont les rayons représentent les dimensions des pores. Il est considéré comme une sorte de modèle de réseau de pores, mis au point par Fatt (1956). Ce type de modèle est utilisé pour la prédiction du transport de liquide et de gaz dans les milieux poreux.

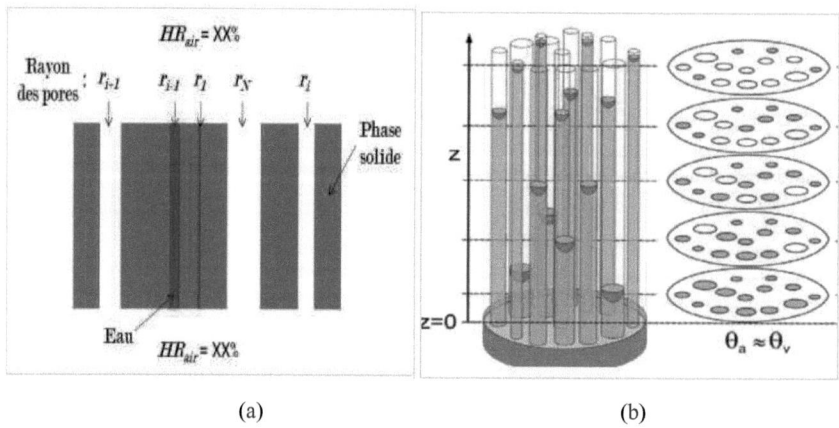

Figure I.8 Modèle cylindrique parallèle (a) à deux dimension (Liu, 2011); (b) à trois dimensions (Tuller, 2003).

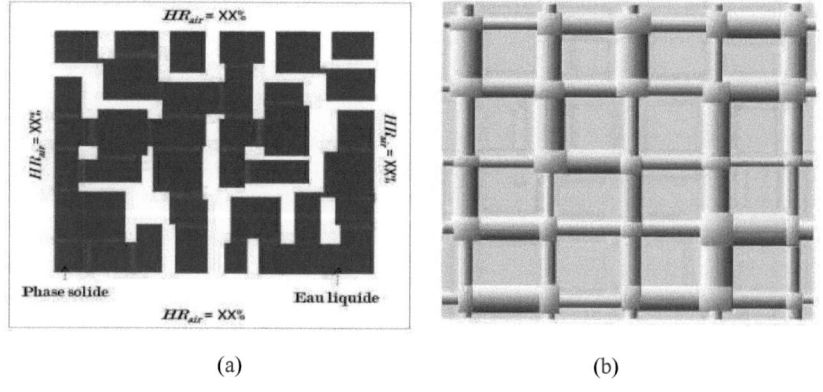

Figure I.9 (a) et (b) Modèle cylindrique croisé (Liu, 2011, Daïan, 2010).

(b) Modèle d'espace poreux angulaire

Tuller (1999) propose un modèle d'espace poreux angulaire qui permet de tenir compte à la fois des phénomènes d'adsorption et de capillarité sur ses surfaces internes. L'unité de base de l'élément poreux est un pore central angulaire (de dimension L) rattaché à des espaces en forme de fente. Cette unité de base est définie par une largeur de fente αL et une longueur de fente βL, où α et β sont des paramètres d'échelle sans dimension, et L est la dimension du pore central, voir Figure I.10 (a).

La Figure I.10 (b) présente un cas typique de transport de liquide au sein d'un élément unité à partir de l'état sec et jusqu'à l'état entièrement saturé (imbibition) : il incorpore le mouvement spontané de liquide dans les fentes et dans le pore central.

(a):

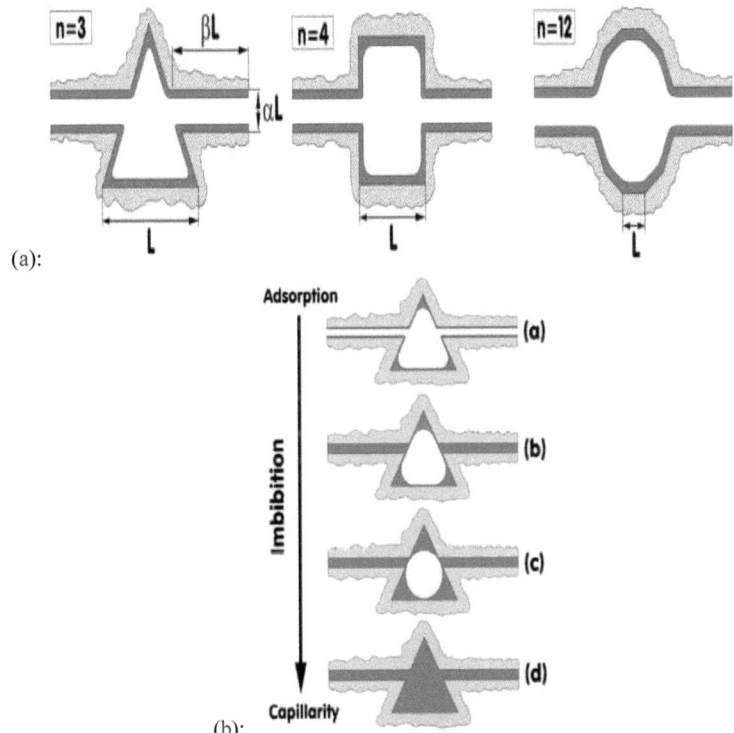

(b):

Figure I.10 (a) Modèle d'espace poreux angulaire; (b) Diagramme schématique du processus d'augmentation de la teneur en liquide: de l'adsorption à l'imbibition (Tuller et al., 1999, Tuller et al., 2003).

I.2.5 Gonflement/retrait de la bentonite

En présence d'eau, les capacités de gonflement de la bentonite sont considérées comme une propriété essentielle, qui lui permet de fournir une bonne étanchéité efficace du site d'enfouissement (Huang et Chen., 2004; Liu et al., 2012). Cette propriété de la bentonite a été largement documentée dans la littérature, selon les conditions aux limites imposées (gonflement libre ou à volume constant).

En pratique, pour sceller un tunnel de stockage, la barrière argileuse est formée de blocs de bentonite-sable compactés, disposés selon des tranches verticales, et mis en place avec des jeux initiaux de construction (Villar et Lloret, 2007). Le sable sert notamment à consolider mécaniquement la bentonite (augmentation de ses performances). Avec le temps, les bouchons de bentonite-sable absorbent l'eau souterraine *via* la roche hôte : ils gonflent, referment les jeux initiaux et finissent par appliquer une pression (liée à leur gonflement) à leur alentour (Liu et al., 2012). Cela signifie que les bouchons gonflent tout d'abord en conditions libres, puis en conditions oedométriques (à volume constant).

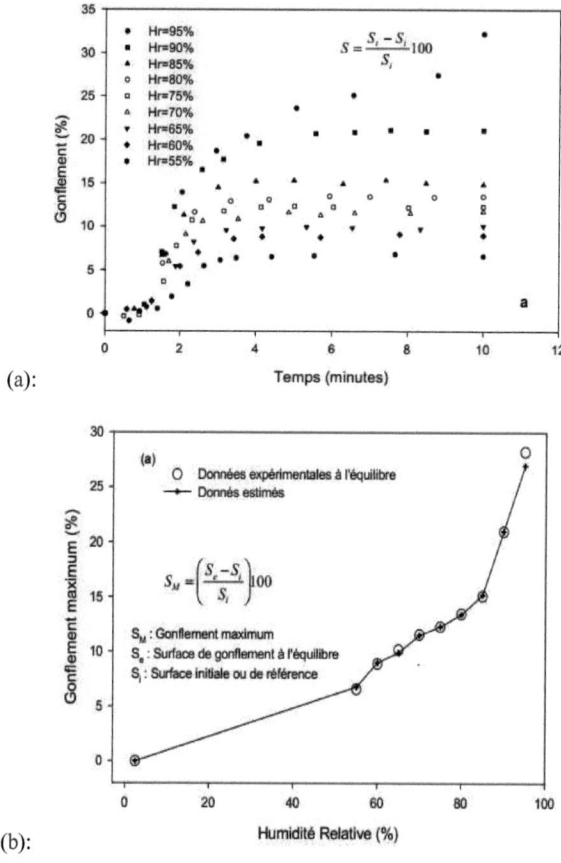

Figure I.11 (a) Gonflement mesuré en fonction du temps à humidité relative *HR* donnée ; (b) : Relation entre l'humidité relative *HR* et le gonflement maximum mesuré à chaque *HR* (Montes-H, 2002) pour une bentonite MX80 observée au microscope électronique environnemental, à l'échelle de l'agrégat (mesures de retrait/gonflement obtenues par analyse d'images 2D).

(a) Gonflement de la bentonite en conditions libres

Montes-H (2002) a effectué une série d'essais de gonflement /retrait de la bentonite MX-80 à l'échelle de l'agrégat : un même agrégat est soumis à une *HR* donnée et son gonflement/retrait est mesuré par analyse digitale d'images prises au microscope électronique environnemental (Environmental Scanning Electron Microscope ou ESEM) jusqu'à stabilisation. Quelle que soit l'*HR*, la cinétique de gonflement de l'agrégat de bentonite est très rapide durant les deux premières minutes, puis elle diminue graduellement avec le temps jusqu'à une limite asymptotique, voir Figure I.11(a). En outre, on constate qu'à cette échelle, la capacité de gonflement de la bentonite est très élevée : à humidité relative élevée (95%), le gonflement maximal est d'environ 27% (point à 32% non pris en compte par les auteurs), voir Figure I.11(b).

(b) Gonflement de la bentonite compactée : comparaison entre conditions libres et oedométriques

Cui et al. (2008) ont effectué des essais d'infiltration (injection d'eau à une pression non indiquée) à l'échelle macroscopique d'un mélange d'argile Kunigel-V1 et de sable siliceux de Hostun (en proportions massiques à l'état sec 7/3) en conditions de volume constant et en conditions de gonflement libre. D'après (Komine, 2004), l'argile Kunigel-VI est un mélange à 48% de montmorillonite, 6.5% d'argile non gonflante et 35,5% de minéraux non argileux. Les dimensions de chaque échantillon sont de 50mm de diamètre et 250mm de hauteur, à une densité sèche de 2,0Mg/m^3 et une teneur initiale en eau w(%) de 7,7% (test T01 à volume constant) ou 8,20% (test T04 à volume libre). Les auteurs montrent expérimentalement que l'humidité relative dans l'échantillon (mesurée par des capteurs au contact de celui-ci) est plus élevée dans le cas du test T04 (en volume libre) que dans le cas du test T01 (à volume constant): par exemple, à une hauteur de 95mm (sur 250mm), à 1000h d'infiltration, HR= 90% pour l'essai T04 alors que HR=70% pour l'essai T01. Pour l'essai T04 à volume libre, à stabilisation, la hauteur de l'échantillon a augmenté de 18%. Ce gonflement est directement lié à la proportion de bentonite sodique présente dans le mélange (48%), à la teneur en eau initiale et à la densité sèche initiale, voir (Villar et al., 2012).

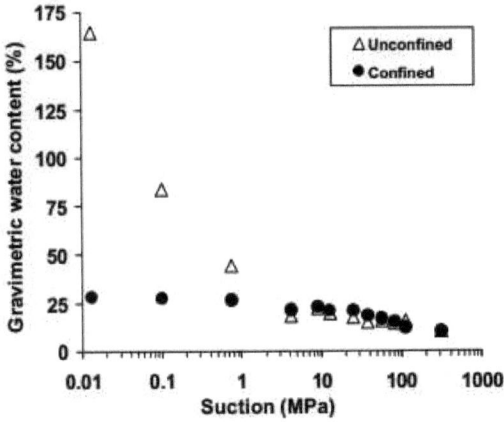

Figure I.12 Courbes de rétention d'eau de la bentonite GMZ en conditions de gonflement libre ou oedométrique, issu de Ye et al. (2009).

Ye et al. (2009) comparent les courbes de rétention d'eau de la bentonite chinoise GMZ (composée 75,4% de montmorillonite, 11,7% de quartz, 7,3% de cristobalite, 4,3% de feldspath, 0,8% de kaolinite, 0,5% de calcite), initialement compactée à une teneur en eau initiale de 12,3% et une densité sèche de 1,70Mg/m^3 en conditions oedométriques et en conditions libres, voir Figure I.13 . Les mesures indiquent que les courbes de rétention d'eau, dans les deux cas, sont presque identiques (à moins de 1% près) à des succions supérieures à 4MPa (i.e. à une humidité relative inférieure à 97%) ; c'est seulement pour les humidités relatives supérieures à 97% que la teneur en eau des échantillons à volume libre est beaucoup plus élevée (jusqu'à 6 fois plus à 100%*HR*) que celle des échantillons à volume constant.

(b) Gonflement de la bentonite à volume constant (conditions oedométriques) seules

Zhang et al. (2012) ont comparé le gonflement en conditions oedométriques de la bentonite chinoise GMZ pure (75,4% de montmorillonite) à celle d'un mélange à 70% de bentonite et 30% de sable siliceux, de densité sèche initiale 1,70Mg/m^3 et teneur en eau initiale de 13%. Ils ont également fait varier la minéralité de l'eau utilisée (mesurée par la quantité de NaCl-Na$_2$SO$_3$ en solution). Ils ont constaté que la pression de gonflement est significativement plus élevée pour la bentonite seule que pour le mélange bentonite-sable (l'augmentation représente plus de 4 fois plus avec de l'eau déminéralisée), du fait d'une plus grande proportion d'argile gonflante. Dans les deux cas, du fait d'un effet osmotique (voir en fin de chapitre), la pression de gonflement diminue avec l'augmentation de la minéralité de l'eau.

Lemaire et al. (2004) effectuent un test d'imbition sur la bentonite MX 80 (de teneur en eau initiale 10,04% et densité sèche 1,14Mg/m^3) placée en conditions oedométriques. Une modélisation est proposée et validée à partir des résultats expérimentaux fournis, qui suppose qu'au cours de l'imbition (à partir de l'état sec), le transport de liquide est régi par deux phénomènes : l'imbition dans les microporosités des grains (agrégats) d'argile, et l'imbition capillaire autour de ces grains, à l'échelle inter-agrégat. Au cours de l'imbition, la diminution de la capacité du matériau à augmenter sa teneur en eau (i.e. la diminution de la cinétique d'augmentation de la teneur en eau w) est attribuée à la fermeture des mésopores inter-agrégats.

Villar et Lloret (2008) ont testé les propriétés de gonflement oedométrique d'une bentonite FEBEX constituée de plus de 90% de montmorillonite (et de quartz, feldspaths et calcite en proportions mineures), à une densité sèche variant entre 1,50 et 1,70Mg/m^3 et une teneur initiale en eau variant entre 14 et 22%. A teneur en eau initiale donnée (de l'ordre de 13,2%+/-1,2), les résultats expérimentaux montrent que la pression de gonflement augmente de façon exponentielle avec la densité sèche, voir Figure I.13 (a). A l'inverse, la Figure I.13 (b) montre que la teneur en eau influe peu sur la pression de gonflement, et ceci d'autant moins que la densité sèche initiale est faible. Une évolution similaire à celle de la Figure I.13 (a) est observée par Lee et al. (2012) sur une bentonite coréenne faite de 70% de smectite calcique, 29% de feldspath et environ 1% de quartz. Pour des densités sèches variant entre 1,5 et 1,7Mg/m^3, les niveaux de pression de gonflement de cette bentonite (calcique à 70%) sont compris entre 1,3 à 5,9MPa. Comme attendu, cette bentonite calcique a des pressions de gonflement globalement plus basses que la bentonite sodique : dans la même gamme de densité sèche, la bentonite FEBEX (sodique à 90%) a des pressions de gonflement comprises entre 2,5 et 16MPa, voir à nouveau la Figure I.13 (a).

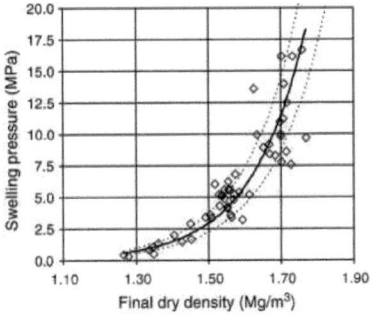

(a): Fig. 5. Values of swelling pressure versus dry density of the bentonite at the end of the test, obtained for saturation with deionised water, and exponential fit. The initial water content of the samples was hygroscopic (13.2±1.2%).

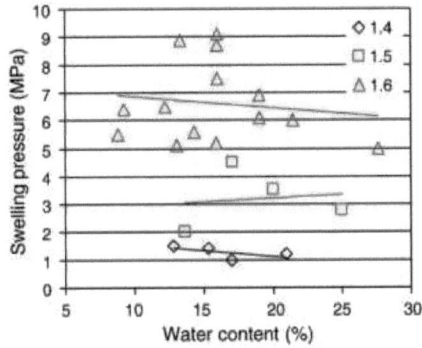

(b): Fig. 8. Influence of initial water content on the swelling pressure of bentonite (the dry density of the samples is indicated in Mg/m³).

Figure I.14 Pour la bentonite FEBEX (90% de montmorillonite): (a) Relation entre la pression de gonflement et la densité sèche en fin d'essai, à teneur en eau initiale donnée (13,2%+/-1,2) et (b) relation entre la pression de gonflement et la teneur en eau initiale, issus de Villar et Lloret (2008).

(c) Essais de gonflement *in situ*

L'essai *in situ* FEBEX a été pratiqué à Grimsel (laboratoire Nagra, Suisse) sur une maquette à l'échelle 1 d'une alvéole de stockage, utilisant des résistances chauffantes pour simuler la présence des colis de déchets : celles-ci sont entièrement entourées d'une barrière faite d'un ensemble de briques de bentonite compactées (constituée à 90% de montmorillonite de teneur en eau initiale w=14%, densité sèche 1,69-1,70Mg/m³) et assemblées entre elles avec un léger jeu initial. Dans ce contexte, après 5 ans de chauffage (à 100°C à l'interface résistance chauffante/bentonite), Villar et al. (2005) et Villar et Lloret (2007) ont montré que la teneur en eau w(%) augmente quasi exponentiellement avec la distance à l'axe de la galerie (i.e. avec la distance à la zone la plus chaude), avec une diminution similaire de la densité sèche, voir Figure I.14. Ces évolutions sont symétriques autour de l'axe de la galerie. En moyenne, la teneur en eau est de 23% (contre 14% à l'état initial), la densité sèche de 1,58Mg/m³ (alors qu'elle était de 1,69-1,70Mg/m³ à l'état initial), et la saturation en eau S_w de 85%. La chute de densité sèche la plus remarquable se situe à environ 20cm de la roche hôte. Ces observations sont attribuées à un fort gonflement de la bentonite, via le remplissage des jeux initiaux.

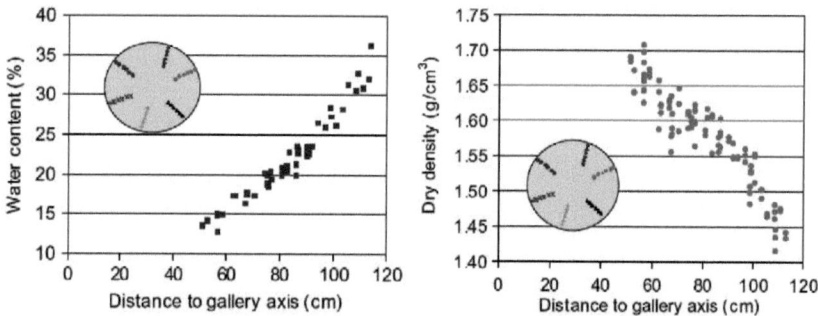

Fig. 7. Water content and dry density along six radial lines in section S27.

Figure I.15 Pour l'essai *in situ* FEBEX représentant une barrière complète faite de blocs de bentonite compactée (constituée à 90% de montmorillonite de teneur en eau initiale w=14%, densité sèche 1,69-1,70Mg/m³) : (gauche) Teneur en eau en fonction de la distance à l'axe de la galerie (x=0 correspond à la position des résistances chauffantes) ; (droite) densité sèche en fonction de la distance à l'axe de la galerie, issu de Villar et Lloret (2007).

I.3. Perméabilité au gaz et à l'eau

In situ nucléides finalement s'échappant de dépôts de déchets nucléaires se déplace avec l'eau d'infiltration dans le réseau de fractures. De plus, l'écoulement du liquide et le transport nucléide peut être améliorée grâce à la génération de gaz. Il est donc nécessaire de mesurer la perméabilité à l'eau / gaz dans les milieux poreux. Dans ce chapitre, nous passerons en revue certaines recherches effectuées par d'autres.

I.3.1 Concepts de base

(a) Loi de Darcy

Supposons qu'un milieu poreux subit un gradient stationnaire de pression de liquide suivant un axe x donné, et que les effets de la pesanteur peuvent être négligés, voir Figure I.15. Dans ce cadre, la loi de Darcy décrit une proportionnalité entre le débit instantané de liquide Q à travers le milieu poreux, la viscosité du fluide et le gradient de pression sur une distance donnée :

$$Q = \frac{-\kappa A}{\mu} \frac{\Delta P}{L} \qquad (I.11)$$

avec:

Q: le débit volumique (en m³/s).

κ : la perméabilité du milieu.

A: la surface de la section droite du milieu poreux considéré (m²)

ΔP: la différence de pression entre les deux points considérés suivant l'axe x (Pa).

L: la longueur sur laquelle la différence de pression a lieu (m).

μ: la viscosité dynamique du fluide.

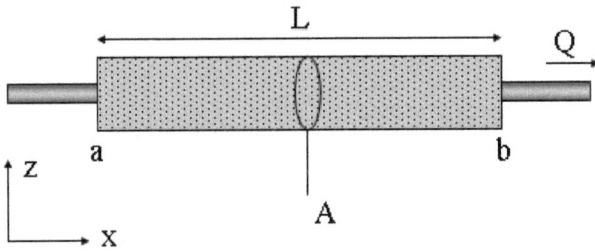

Figure I.16 Schéma de principe de l'écoulement stationnaire d'un liquide au travers d'un milieu poreux, permettant d'établir la loi de Darcy unidimensionnelle (suivant l'axe x), en négligeant la gravité.

Dans le cas où le fluide en écoulement est un gaz (supposé parfait), la loi de Darcy diffère du fait que le profil de pression suivant l'axe x n'est pas linéaire, et que, donc, le gradient de pression n'est alors pas simplement ($\Delta P/L$). Dans ce cas, si P_1 note la pression en amont de l'échantillon de milieu poreux testé, P_0 la pression atmosphérique en aval de l'échantillon, et ΔP la chute de pression amont pendant un temps court Δt (telle que $\Delta P \ll P_1$), on montre que la perméabilité au gaz k_g ou k_x s'écrit (voir Chen et al., 2009) :

$$k_g = \frac{\mu Q_v}{A} \frac{2L P_{mean}}{(P_{mean}^2 - P_0^2)} \qquad (I.12)$$

où la pression moyenne $P_{mean}=P_1 - \Delta P/2$. Si l'on place un réservoir tampon de volume V_r en amont de l'échantillon, et que l'on suppose l'écoulement quasi-statique et le gaz parfait, on montre qu'alors le débit volumique Q_v s'exprime sous la forme :

$$Q_v = \frac{V_r \Delta P}{P_{mean} \Delta t} \qquad (I.13)$$

Nota : Pour un milieu poreux dans des conditions de saturation données, la perméabilité au gaz peut varier notablement selon la valeur de la pression P_1 de gaz utilisée. Cet effet est attribuable au glissement des molécules du gaz sur les parois des pores du solide, lorsque le libre parcours moyen du gaz est comparable à la taille des pores (environ 0,01 à 0,1 μm à température et pression ambiantes) (Klinkenberg, 1941). Dans ce manuscrit, en première approche, cet effet est négligé.

(b) Perméabilité intrinsèque / absolue, perméabilité relative et perméabilité effective

La perméabilité intrinsèque ou absolue (κ_i) est la perméabilité du milieu poreux saturé par un seul fluide : l'eau (alors $S_w=1$) ou le gaz (alors $S_w=0$). Pour un milieu poreux cohésif (roches, bétons), la notion de perméabilité intrinsèque signifie qu'il existe une grandeur κ_i qui ne dépend que du milieu poreux, et pas du fluide.

Lors d'un écoulement diphasique eau/gaz en milieu poreux, la perméabilité relative d'une phase est une mesure sans dimension de la perméabilité effective (réellement mesurée) de cette phase. C'est le rapport entre la perméabilité effective d'un fluide à une saturation donnée et la perméabilité intrinsèque, qui peut être calculé comme suit :

$$\kappa_r = \frac{\kappa_e}{\kappa_i} \qquad (I.14)$$

La perméabilité relative au gaz est notée $\kappa_{g,r}$, $\kappa_{g,e}$ note la perméabilité effective au gaz (en m^2), et $\kappa_{g,i}$ note la perméabilité au gaz à l'état sec (en m^2).

Pour la bentonite MX80 compactée, Villar et al. (2001) ont montré expérimentalement que la perméabilité intrinsèque mesurée au gaz est significativement plus élevée (jusqu'à 8 ordres de grandeurs en plus) que celle mesurée à l'eau. Les auteurs attribuent ces observations aux fortes modifications de la structure poreuse nécessaires pour obtenir $S_w=0$ (état complètement sec), qui s'accompagne d'un retrait important, et, de façon symétrique, pour obtenir $S_w=1$ (état complètement saturé en eau), qui s'accompagne d'un gonflement important. Ainsi, pour une argile gonflante telle que la bentonite, il semble qu'aucune perméabilité intrinsèque ou relative ne soit accessible : ce n'est pas un concept adapté à ce type de milieu poreux, dont le réseau poreux subit d'intenses modifications depuis son état complètement saturé jusqu'à son état complètement sec. On préfère utiliser la notion de perméabilité effective, qui est la perméabilité réellement mesurée au gaz ou à l'eau, dans des conditions de saturation (ou de teneur en eau) connues. Pour la perméabilité à l'eau, si le milieu est initialement partiellement saturé, l'existence d'un gradient de pression de liquide suffit généralement à le saturer jusqu'à

$S_w=1$, de sorte qu'il est très difficile en pratique de mesurer de façon fiable et stable autre chose qu'une perméabilité saturée à l'eau.

I.3.2 Relation avec la conductivité hydraulique

En géotechnique et en hydrologie, le transport d'eau par advection au travers d'un milieu poreux n'est pas mesuré par la perméabilité à l'eau mais par une grandeur qui lui est proportionnelle : c'est la conductivité hydraulique (K). La relation entre la perméabilité à l'eau κ et la conductivité hydraulique K est décrite par la formule suivante (voir Villar et al., 2012) :

$$K = \kappa \frac{\rho g}{\mu} \quad (\text{I}.15)$$

où, à température donnée, ρ est la masse volumique de l'eau, g est l'accélération de la pesanteur, et μ la viscosité de l'eau. A 20°C, la relation ci-dessus se simplifie de telle façon que : *K (m/s) = 10^7 (m²)*.

I.3.3 Méthodes de mesure de la perméabilité sous chargement mécanique

Afin de mesurer les propriétés de transport de fluide dans des conditions similaires aux conditions *in situ*, il existe plusieurs méthodes donnant la perméabilité κ du milieu poreux soumis à un chargement mécanique. Celles-ci dépendent de l'ordre de grandeur attendu de κ. Pour des perméabilités $k_g \geq 10^{-19} m^2$, il s'agit généralement d'imposer un écoulement quasi-stationnaire, comme présenté ci-dessus, à un échantillon cylindrique placé dans une cellule d'essai triaxiale (qui permet d'imposer le chargement mécanique) : c'est la méthode dite en régime permanent d'écoulement. Pour κ_g inférieure à *10^{-19}* m², la méthode en régime permanent est extrêmement longue (de plusieurs semaines à plusieurs mois). Dans ce cas, on préfère recourir à une méthode dite de Pulse Test, qui consiste à imposer une variation de pression en amont d'un échantillon soumis initialement à une pression constante (et non nulle) à ses deux extrémités (Brace et Martin, 1968). On relève alors l'évolution de la pression en amont (ou des deux côtés) de l'échantillon, pour déduire la perméabilité à l'eau ou au gaz (selon le fluide utilisé). Davantage de détails sont donnés là-dessus au Chapitre II (Section 3).

I.3.4 Perméabilité à l'eau et au gaz de la bentonite

Les spécifications des mélanges bentonite/sable de cette étude imposent qu'ils aient, après compaction, une conductivité hydraulique d'au plus 10^{-13} *m/s* (soit 10^{-20} *m²*), voir (Gatabin, 2005).

Différents auteurs ont étudié l'influence de la densité sèche et de la proportion de bentonite de mélanges bentonite/sable sur leur conductivité hydraulique, voir (Santucci de Magistris et al., 1998; Achari et al., 1999; Cho et al., 2000; Abichou et al., 2002; Mata et Ledesma, 2003). Globalement, l'augmentation de la teneur en bentonite et de la densité sèche conduit à la diminution significative de la conductivité hydraulique. Par exemple, dans l'étude de (Cho et al., 2000), pour une bentonite de densité sèche 1,80Mg/m³, la conductivité hydraulique chute de trois ordres de grandeur lorsque la proportion de sable passe de 90 à 0% (bentonite pure), voir Figure I.16 (gauche). Dans cette étude, la bentonite pure a une conductivité hydraulique de l'ordre de 2×10^{-14} m/s, soit 2×10^{-21} m^2, c'est donc une bentonite qui correspond aux spécifications Andra de ce point de vue. La dépendance de la conductivité hydraulique à la densité sèche est illustrée à la Figure I.16 (droite) pour la même étude: elle chute de deux ordres de grandeur lorsque la densité sèche augmente de 1,4 à 1,8Mg/m^3. La diminution de la conductivité hydraulique avec l'augmentation de la proportion de bentonite ou de la densité sèche est attribuée à l'influence croissante du gonflement, qui induit une réduction de la surface disponible pour l'écoulement.

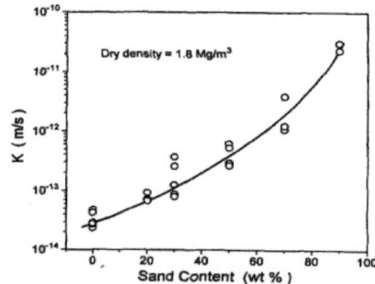

Fig. 6. Hydraulic Conductivity Versus Sand Content of the Bentonite-Sand Mixture with a Dry Density of 1.8 Mg/m^3

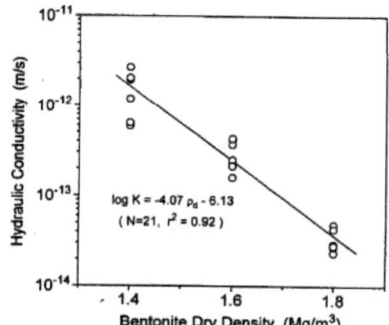

Fig. 10. Hydraulic Conductivity Versus the Dry Density of the Bentonite

Figure I.17 Conductivité hydraulique en fonction de la proportion de sable (gauche) et de la densité sèche de la bentonite (droite), tiré de (Cho et al., 2000).

Des résultats similaires ont été trouvés par Mishra et al. (2011). Ces auteurs ont mesuré la conductivité hydraulique de mélanges sol-bentonites (en proportion massique à l'état sec de 5/1) en conditions de gonflement libre. Le sol utilisé est un sol basaltique non gonflant, et 15 bentonites différentes ont été employées, avec une fraction argileuse comprise entre 32 et 86% et une capacité de gonflement libre variant entre 6 et 29 ml/2g d'eau déminéralisée, essai selon la norme ASTM D 5890). Comme (Cho et al., 2000), les auteurs constatent que la conductivité hydraulique des mélanges bentonite-sol diminue avec l'augmentation de la capacité de gonflement libre du mélange : elle chute d'un facteur 14 lorsque la capacité de gonflement libre augmente de 6 à 20ml/2g, voir Figure I.17. En effet, la bentonite, qui occupe l'espace entre les particules non gonflantes de sol, gonfle dès qu'elle est en contact avec de l'eau : elle remplit alors préférentiellement les vides macros et mésoscopiques du mélange sol-bentonite, ce qui bloque le flux d'eau au travers du réseau poreux. A l'inverse, une bentonite peu gonflante n'aura pas la capacité à remplir tous les macro- et méso-pores, donnant ainsi une plus grande conductivité hydraulique au mélange. Au delà d'une capacité de gonflement libre de 20ml/2g, la conductivité hydraulique n'est plus significativement modifiée. Les auteurs estiment qu'alors, la bentonite a rempli tous les macro- et mésopores :

tout gonflement supplémentaire (au-delà de 20ml/2g) provoque une pression sur les particules de sol, qui renforce la capacité de résistance mécanique du squelette solide du mélange (Kenney et al., 1992).

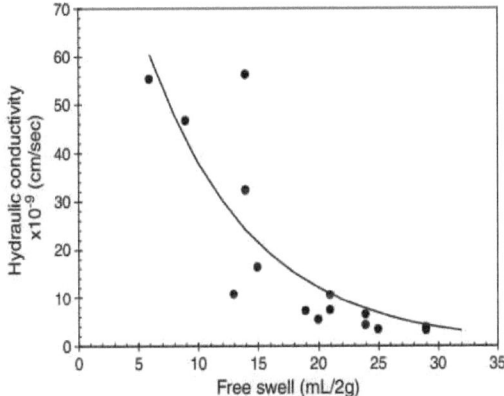

Figure I.18 Conductivité hydraulique de mélanges sol basaltique (non gonflant)-bentonite en fonction de la capacité de gonflement libre de la bentonite considérée (Mishra et al., 2011).

(Lloret et Villar, 2007; Villar et al., 2011) ont évalué expérimentalement la perméabilité au gaz de la bentonite FEBEX (90% de montmorillonite), pour étudier l'influence de la densité sèche initiale, de la pression de confinement (contrainte hydrostatique, comprise entre 0.6 et 6MPa), de la teneur en eau initial w et de la pression de gaz imposée (en amont et en aval). Les auteurs observent qu'à pression effective de gaz donnée (P_{amont} = 0,4MPa, P_{aval} = 0,1MPa), la perméabilité au gaz diminue avec l'augmentation de la densité sèche initiale, voir Figure I.18 (en haut): à P_c=0,6MPa et w=20%, K passe de 5×10^{-9}m/s à 2×10^{-12}m/s (soit près de 3 ordres de grandeur de diminution) lorsque la densité sèche passe de 1,62 à 1,78Mg/m³. La pression de confinement influe beaucoup moins sur K, avec une diminution de moins d'un ordre de grandeur lorsque P_c augmente de 0,6 à 1MPa, voir à nouveau Figure I.18 (en haut). La diminution de la teneur en eau a également un effet limité sur K, avec une augmentation de moins d'un ordre de grandeur quand w passe de 20 à 18%.

A pression de confinement donnée (P_c=1MPa), voir Figure I.18 (en bas), la pression effective de gaz appliquée influe significativement les valeurs de perméabilité au gaz, et ce d'autant plus que la bentonite a une teneur en eau faible: lorsque le réseau poreux accessible au gaz augmente de volume, la perméabilité effective au gaz varie significativement du fait de l'effet Klinkenberg, voir ci-dessous.

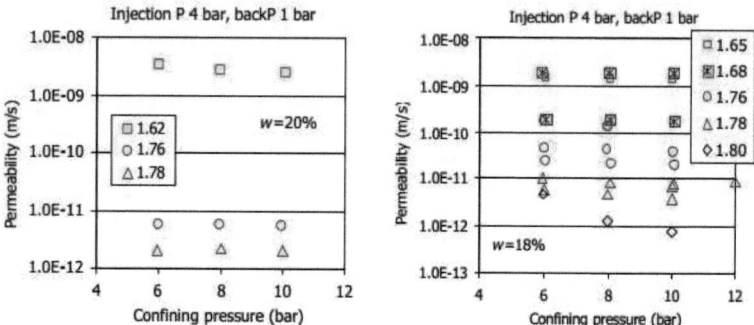

Figure 14: Effect of confining pressure on gas permeability measured during Stage 2 for samples of average water content 20% (left) and 18% (right). The dry density of the samples is indicated in the legends in g/cm^3

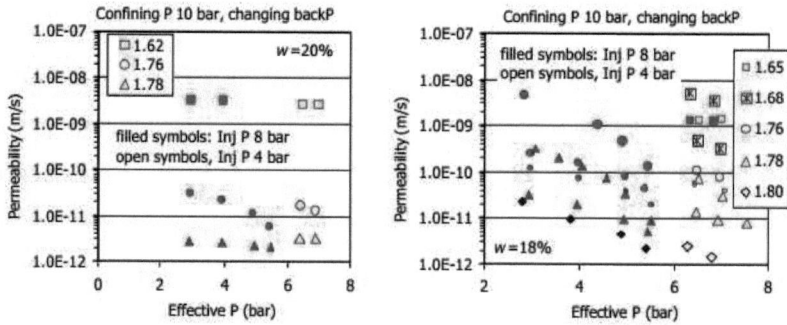

Figure 17: Effect of effective pressure on gas permeability measured during Stages 4 and 5 for samples of average water content 20% (left) and 18% (right). The dry density of the samples is indicated in the legend in g/cm^3

Figure I.19 Perméabilité au gaz de la bentonite FEBEX (90% de montmorillonite) (en haut) en fonction de la pression de confinement, de la densité sèche initiale et de la teneur en eau initiale (w=20% à gauche et w=18% à droite); (en bas) : en fonction de la pression effective appliquée, de la densité sèche initiale et de la teneur en eau initiale (w=20% à gauche et w=18% à droite), tiré de (Villar et al., 2011).

I.4. Migration de gaz

Le site profond de dépôt de déchets radioactifs est prévu en France au sein d'une couche géologique de roche argileuse, appelée argilite, située à 450-500m sous terre dans l'Est de la France (départements de Meuse-Haute Marne), voir (Andra, 2005). A moyen et long terme, au sein des tunnels de stockage, l'Andra anticipe que la formation de gaz (préférentiellement de l'hydrogène) est inévitable, du fait de la corrosion anaérobie, de la dégradation de matière organique présente dans la roche hôte, ou de la radiolyse de l'eau. Selon son ampleur, cette production de gaz est susceptible de modifier les propriétés hydrauliques et mécaniques de la barrière ouvragée, voire même d'une partie de la roche hôte, jusqu'à mettre en péril leur fonction de scellement étanche des déchets. Par conséquent, il est essentiel de comprendre les mécanismes potentiels de transport de gaz au sein du dépôt géologique.

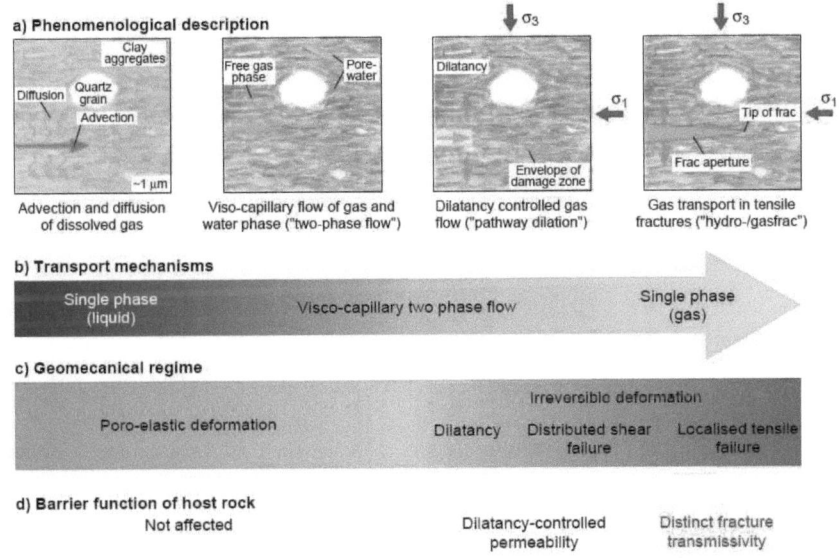

Figure I.20 Description phénoménologique des processus de transport de gaz: a) à partir d'un modèle micro-structurel de roche argileuse (exemple : argile à Opalinus suisse ou argilite française) ; b) mécanismes de transport élémentaire ; c) régime géomécanique ; d) influence du transport de gaz sur la sûreté (et l'étanchéité) de la barrière représentée par la roche hôte, tiré de (Marschall et al., 2005).

I.4.1 Mécanismes potentiels de migration de gaz dans un dépôt géologique

La production et la migration de gaz dans le contexte des dépôts géologique de profondeur ont été étudiées par de différentes auteurs (Marschall et al., 2005; Alonso et al., 2006; Ortiz et al., 2002, Hildenbrand et al., 2002, Horseman et al., 1999). En général, la migration de gaz dans le milieu poreux dépend de nombreux facteurs, tels que la perméabilité intrinsèque et la porosité du matériau, la pression de gaz générée et l'état hydromécanique (notamment la saturation en eau, la pression d'eau interstitielle et l'état de contrainte) du milieu. Pour une roche hôte initialement saturée en eau, (Marschall et al., 2005) proposent une description comportant quatre mécanismes possibles de migration de gaz, qui peuvent se produire de façon simultanée, séquentielle ou partielle (tous ces mécanismes ne se produisant pas systématiquement selon la roche hôte et les sollicitations considérées), voir Figure I.20.

Ces mécanismes sont décrits en détail ci-dessous, de (a) à (d) :

(a) Dissolution de gaz et transport advectif ou diffusif du gaz dissous
Dissolution de gaz dans un liquide.
La dissolution d'un gaz dans un liquide (généralement l'eau interstitielle) est déterminée par la solubilité du gaz dans le liquide. La loi de Henry, formulée en 1803 par William Henry, permet d'évaluer la quantité maximale de gaz dissous en fonction de sa pression. Elle indique que la concentration (ou la fraction molaire) de gaz dissous dans le liquide est proportionnelle à la pression partielle de ce gaz en équilibre avec ce liquide (Wilhelm et Wilcock, 1977). Elle s'écrit :

$$x_i = \frac{P_i}{H_i} \tag{I.16}$$

x_i : fraction molaire du gaz "i". C'est le rapport du nombre de moles de gaz "i" au nombre total de moles de la solution. P_i : pression partielle du gaz "i" dans la phase gazeuse, égale au produit de la pression totale de la phase gazeuse par la fraction représentative de la composition volumique (ou molaire). H_i : constante de Henry du gaz "i". Cette constante est fonction de la température.

Transport advectif ou diffusif du gaz dissous.
Ce processus se produit continûment, quelle que soit la pression du gaz généré. En effet, dès qu'il est généré, le gaz se dissout dans l'eau porale, du fait de son gradient de concentration par rapport à l'eau interstitielle. La proportion de gaz dans l'eau porale augmente graduellement du fait de la dissolution, selon la pression de gaz et le flux de l'eau souterraine. Alors que l'écoulement advectif d'eau souterraine est dominé par la loi de Darcy, la loi de Fick décrit la diffusion du gaz dissous, du fait de son gradient de concentration dans l'eau interstitielle ; la loi de Henry décrit la solubilité du gaz dans l'eau interstitielle (Helming, 1997). Ces différentes lois physiques sont couplées.

(b) Écoulement diphasique visco-capillaire
A partir d'une pression de gaz suffisante, le transport de gaz dans les pores saturés d'eau du milieu peut se faire grâce à l'action des forces visqueuses et capillaires : on parle d'écoulement diphasique, où l'eau interstitielle est déplacée par le gaz, qui est lui-même en mouvement. Le transport de fluide est contrôlé par la pression capillaire seuil (P_{cap}) à l'interface entre les deux fluides (gaz et eau), qui est de la tension de surface et de la taille du pore considéré (Bear, 1972). P_{cap} s'interprète alors comme la différence entre la pression de gaz et la pression d'eau qui est nécessaire pour déplacer l'eau interstitielle. Avec le modèle du tube capillaire à l'échelle des pores, l'équation de Laplace permet de décrire la relation entre la pression capillaire seuil $P_{cap} = P_c$, la tension de surface et la taille du pore à l'interface eau/gaz, voir paragraphe 2.1(c) ci-dessus.

Une fois que la pression capillaire seuil est atteinte, le transport de gaz est dominé principalement par la perméabilité intrinsèque du matériau (ou par sa perméabilité à l'eau, puisqu'il s'agit du gaz poussant l'eau dans le milieu), par la relation entre perméabilité et saturation (perméabilités relatives à l'eau et au gaz), et la relation entre pression capillaire et saturation en eau (courbe de rétention à la désorption). Ce mécanisme suppose que le réseau poreux n'est pas modifié par la progression du gaz, qui se contente de progresser au travers des pores existants, sans se frayer un passage par micro- (ou macro-) fracturation du milieu, comme dans les modes de passage qui suivent.

Dans le cas de matériaux modèles constitués de tubes présentant une ou plusieurs constrictions, (Rossen, 2000) a montré que le passage de gaz par capillarité peut se produire de façon intermittente, par un phénomène dit de *snap off*, voir Figure I.20. Ce phénomène permet le passage du gaz via une constriction du réseau poreux (diamètre plus petit que le diamètre du pore) dès que la pression du gaz devient suffisamment importante. Dès que la constriction est passée, le gaz se trouve dans un pore de plus grand diamètre que la constriction, sa pression chute et le piège après la constriction, jusqu'à ce qu'une quantité de gaz suffisante permette une ré-augmentation de la pression et une progression du passage du gaz. (Rossen, 2000) a montré expérimentalement que ce phénomène se produit dès qu'il existe des constrictions de diamètre au moins deux fois plus petit que le diamètre du pore.

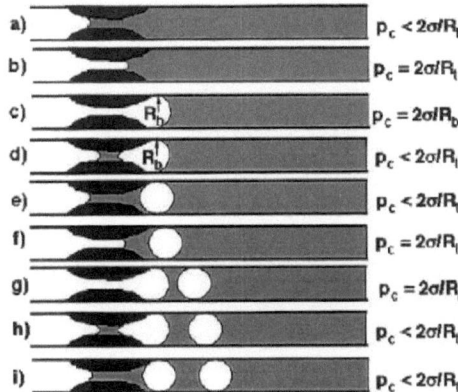

Fig. 2. Schematic of snap-off in a singly-constricted tube.

Figure I.20 **Phénomène de *snap off* capillaire**, tiré de (Rossen, 2000).

(c) Écoulement de gaz à dilatation contrôlée

Au sein des tunnels de stockage, la pression de gaz est susceptible d'augmenter significativement si son taux de production dépasse les capacités d'écoulement par diffusion de gaz dissous, ou par l'écoulement visco-capillaire décrit ci-dessus. Avant d'atteindre la contrainte principale minimale qui provoquera la création de fractures macroscopiques, la pression de gaz peut augmenter suffisamment pour créer une micro-fracturation locale, augmentant ainsi l'espace poreux sans causer de macro-fracture. Ce mécanisme est d'autant plus plausible pour les roches argileuses (argilite française ou argile à Opalinus suisse) que leur matrice solide a une très faible résistance en traction (elle est proche de zéro), ce qui facilite la micro-fracturation sous l'effet de la pression de gaz. Ce phénomène de progression par micro-fracturation s'accompagne généralement d'une dilatation des passages de gaz, mesurable à l'échelle d'un échantillon centimétrique : on parle d'écoulement à dilatation contrôlée (Marschall et al., 2005; Horseman et al., 1996). Contrairement à l'écoulement diphasique par capillarité, du fait des déformations non négligeables du squelette solide et de l'endommagement progressif du matériau, le passage de gaz s'accompagne d'une augmentation de la perméabilité intrinsèque, d'une modification de la relation entre perméabilité relative (au gaz et à l'eau) et le degré de saturation, et d'une variation de la courbe de rétention. Cette progression peut se produire de façon continue si la pression locale du gaz se maintient, mais elle peut être également discontinue, lorsque le gaz progresse en ouvrant des micro-fissures (lorsque se pression locale est suffisante), ou en leur permettant de se refermer (si la pression de gaz chute suffisamment), voir (Cuss et al., 2012) pour l'argilite française.

(d) Transport de gaz dans des macro-fractures générées par rupture en traction (gaz- et hydro- fracturation)

En règle générale, la fracturation macroscopique en traction se développe lorsque la pression du gaz est supérieure à la somme de la contrainte principale minimale en compression et de la résistance en traction de la roche (Valko et Economides, 1997). Cette pression critique de gaz est appelée pression de fracturation (Daneshy, 2002). L'écoulement du gaz au travers d'une telle fracture peut être considéré comme un écoulement monophasique.

Bilan pour la bentonite : Comme on l'a vu, le mécanisme (a) de dissolution de gaz et de transport par diffusion/advection concerne tous les matériaux poreux (suivant des amplitudes diverses, fonction des caractéristiques du réseau poreux). A pression de gaz limitée (en dessous de la valeur de fracturation macroscopique), les deux mécanismes (b) d'écoulement par capillarité et (c) par micro-fissuration et dilatation de passages de gaz sont possibles pour la bentonite, dont la résistance en traction est faible (c'est en effet un matériau non cohésif à l'échelle de ses grains). Le mécanisme de fracturation macroscopique n'est pas investigué dans cette thèse, où, pour des raisons liées aux techniques expérimentales utilisées, les pressions de gaz sont limitées en deçà de la pression externe appliquée au matériau.

I.4.2 Méthodes de mesure existantes de la cinétique et/ou de la pression passage de gaz

Expérimentalement, le passage de gaz est évalué à l'échelle d'un échantillon macroscopique, généralement centimétrique, de milieu poreux entièrement saturé en eau, voir (Thomas et al., 1968; Egermann et al., 2006, Hildenbrand et al., 2002; Horseman et al., 1999). Au départ de l'essai de passage de gaz, la saturation complète est supposée obtenue : cela correspond au moment où la perméabilité à l'eau (ou la conductivité hydraulique) atteint une asymptote en fonction du temps. Cela peut prendre plusieurs semaines dans le cas de l'argilite, voir (Davy et al., 2007). Le passage de gaz est généralement mesuré soit à l'amont de l'échantillon : c'est alors une pression d'entrée de gaz, qui correspond à la pression la plus faible à partir de laquelle le gaz commence à pénétrer le réseau poreux du côté amont, soit à l'aval de l'échantillon, et c'est alors une pression dite de percée de gaz, voir Figure I.21. On a vu au paragraphe précédent (4.1) qu'à des niveaux de pression de gaz inférieures à la somme de la contrainte externe de compression et de la résistance en traction, la percée de gaz peut se produire de façon (1) discontinue, qu'elle soit due à un phénomène capillaire (*snap off*) ou par micro-fissuration et dilatation de chemins préférentiels, ou (2) continue (également par capillarité ou micro-fissuration).

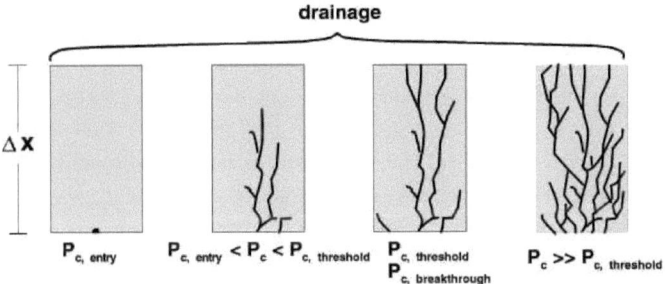

Figure I.21 Passage progressif du gaz (suivant un axe vertical, du bas vers le haut) au travers d'un milieu poreux initialement saturé en eau (représenté par un rectangle gris), avec l'entrée de gaz (premier schéma en partant de la gauche), la progression du gaz au sein du milieu poreux sans qu'il débouche du côté aval (deuxième schéma en partant de la gauche), puis passage plus ou moins important du côté aval (deux schémas de droite), tiré de (Hildenbrand et al., 2002).

Dans la littérature, différentes méthodes existent pour mesurer le passage de gaz (cinétique et pressions d'entrée ou de percée) : elles sont résumées dans le Tableau I.2, et sont issues de (Thomas et al., 1968; Egermann et al., 2006, Hildenbrand et al., 2002; Horseman et al., 1999). La méthode dite standard (ou par paliers) consiste à imposer une pression de gaz en amont de l'échantillon soumis à un chargement mécanique. Elle est utilisée notamment par (Pusch,1983), (Egermann et al., 2006): avec des moyens de mesure suffisamment fins, c'est la seule méthode qui permet d'accéder à la fois à la cinétique du passage de gaz, à la pression d'entrée et à la pression de percée (discontinue ou continue). Son principal inconvénient est que la durée de l'essai est (très) longue, du fait que chaque palier doit permettre d'attendre le passage d'une extrémité à l'autre du matériau (cela dépend de la longueur à traverser).

La méthode dynamique consiste à imposer un gradient de pression de gaz entre les deux extrémités de l'échantillon saturé en eau, afin d'évacuer l'eau en aval (elle est en fait poussée depuis l'amont par la pression de gaz). Au moment où l'interface eau/gaz arrive au niveau de la face amont l'échantillon, la pression d'eau chute localement de la valeur de la pression d'entrée. Le gradient de pression en fait autant et la quantité d'eau évacuée en aval diminue. En connaissant la perméabilité à l'eau de l'échantillon (mesurée durant la première phase d'écoulement), et en quantifiant la chute la quantité d'eau évacuée en aval, il est possible d'estimer la pression d'entrée. (M'Jahad, 2012) a testé cette méthode sans succès sur l'argilite, du fait d'une différence de pente trop réduite entre les deux phases de l'essai.

La méthode par soutirage dynamique consiste à imposer un débit d'eau constant sur la face aval de l'échantillon (l'eau est aspirée par une pompe du côté aval), et le principe de la mesure est similaire à celui de la méthode dynamique : la mesure qui doit permettre de déduire la pression de percée est la pression en aval de l'échantillon, qui chute lorsque que l'interface gaz/eau arrive au niveau de la face amont.

La méthode résiduelle est principalement employée par (Hildenbrand et al., 2002). Elle consiste à imposer une différence de pression de gaz entre les deux faces de l'échantillon saturé en eau, à une valeur suffisamment élevée pour que le passage de gaz se produise pendant un certain laps de temps (fonction du matériau), jusqu'à ce que les pressions amont et aval atteignent des valeurs asymptotiques (stables) mais différentes. Alors la différence de pression résiduelle entre l'amont et l'aval, ou pression de *snap off*, est considérée comme une mesure par défaut de la pression d'entrée (avec un facteur correctif de 2, voir (Amann et al., 2012).

Tableau I.2 Comparaison de différentes méthodes connues pour mesurer le passage de gaz, tiré de (Egermann et al., 2006).

Méthode	Durée	Valeur cible	Précision
Méthode dite standard, par paliers de pression de gaz	longue	Pression de percée discontinue /continue	Bonne
Méthode dynamique	rapide	Pression d'entrée	Bonne
Méthode par soutirage dynamique	rapide	Pression d'entrée	Moyenne/ bonne
Méthode de pression résiduelle	longue	Pression d'entrée /2 (pression de *snap off*)	Mauvaise

I.4.3 Etudes de la migration de gaz au travers de matériaux ou à l'interface entre matériaux différents

Pusch et al. (1983) montrent expérimentalement que la percée continue de gaz est possible dans une bentonite sodique MX80 compactée et complètement saturée en eau sans qu'une quantité d'eau significative soit déplacée : selon les auteurs, cela signifie qu'une faible partie du réseau poreux est dé-saturée par le gaz pour se frayer un chemin jusqu'à la face aval de l'échantillon. En supposant un passage de gaz par capillarité (mode (b)), (Pusch et al., 1983) estiment également que le passage de gaz est possible dès lors que la pression de gaz est supérieure à la somme de la pression d'eau souterraine (de l'ordre de 5MPa à 500m sous terre) et de la pression capillaire (estimée avec une taille moyenne de pore de 50nm à 6MPa, mais pouvant varier de 0,3MPa pour les plus gros pores et 60MPa pour les plus petits) : avec ces hypothèses, la percée doit pouvoir se produire entre 5 et 11MPa. Leur étude expérimentale sur des échantillons de 10mm de long montre qu'effectivement, un passage de gaz (azote) se produit au terme de 7 jours à une pression de 10MPa.

Horseman et al. (1999) montrent expérimentalement que la percée de gaz au travers de la bentonite MX80 compactée se produit lorsque la pression de gaz dépasse la somme de la pression de gonflement et de la pression d'eau interstitielle. Dans ce cas, la valeur élevée de la pression de passage mesurée indique qu'une sorte de fracturation du matériau se produit lors de la percée. Suite à la première percée observée, les auteurs mesurent une diminution de la perméabilité au gaz, mais sans que le passage de gaz s'arrête complètement (c'est un passage continu). En analysant l'évolution du débit de gaz en face aval en fonction du temps, ils soulignent également que le mode de passage de gaz est très probablement associé à de la micro-fissuration et à la dilatation/refermeture des chemins de passage.

Gallé (2000) a comparé la pression de percée de la bentonite calcique compactée Fo-Ca (mesurée avec la méthode standard) à l'estimation, par simulation numérique, de la pression à l'interface bentonite/acier. A une densité sèche de 1,6Mg/m^3, la pression de gonflement de la Fo-Ca est de 4MPa, alors que sa pression d'entrée est de 4,1MPa, et sa pression de percée est de 4,3MPa, i.e. elle est légèrement supérieure à la pression de gonflement (la pression d'eau interstitielle est nulle). Pour une densité supérieure de 1,75Mg/m3, la pression de percée au travers de la Fo-Ca est de 15MPa, alors que la pression de passage obtenue par simulation numérique à l'interface argile Fo-Ca/acier de colis est de 6,3MPa (avec un ensemble d'hypothèses détaillées dans Gallé (2000). L'auteur estime que ces deux valeurs de pression de gaz sont du même ordre de grandeur, mais l'interface argile gonflante/acier permet un passage plus facile que dans la masse de l'argile gonflante.

Par ailleurs, Davy et al. (2009) ont testé des maquettes, de 5cm de hauteur, de bentonite MX80 compactée (à une densité initiale 1,68Mg/m^3) et gonflée à l'intérieur d'un tube d'argilite (à une pression de gonflement moyenne de 7,5MPa) : ils ont montré que le passage de gaz se produit à une pression de l'ordre de 4MPa+/-0,4, i.e. bien en dessous de la pression de gonflement de la bentonite ; ce passage a lieu préférentiellement à l'interface entre le bouchon de bentonite et le tube d'argilite, plutôt qu'à travers la bentonite. Le passage à travers l'argilite est supposé avoir lieu à une pression de gaz supérieure.

Quand à eux, Villar et al. (2011) ont effectué des essais de percée à travers la bentonite FEBEX (faite de 90% de montmorillonite), et à travers l'interface entre une roche hôte granitique et la bentonite : alors que la pression de percée de la bentonite varie entre 5MPa (à une densité sèche de 1,4Mg/m^3) et plus de 10MPa (à une densité sèche de 1,73Mg/m^3), le passage de gaz à l'interface granite/bentonite (de densité sèche initiale de 1,56Mg/m^3) a lieu à une pression inférieure à 0,7MPa. La roche granitique est supposée avoir une pression de percée bien supérieure à la bentonite. Comme Gallé (2000) et Davy et al. (2009), l'interface est un lieu de passage préférentiel du gaz, plutôt que la masse de la bentonite compactée.

I.5. Autres facteurs influençant le gonflement et les performances hydrauliques de la bentonite

I.5.1 Effets osmotiques

Du fait de leur microstructure en feuillets présentant des charges négatives à leur surface (voir Section 1 de ce chapitre), les minéraux argileux tels que les smectites présentent un gonflement, une conductivité hydraulique (et un ensemble d'autres propriétés) qui sont significativement dépendantes des interactions physico-chimiques avec les ions en solution dans le fluide interstitiel.

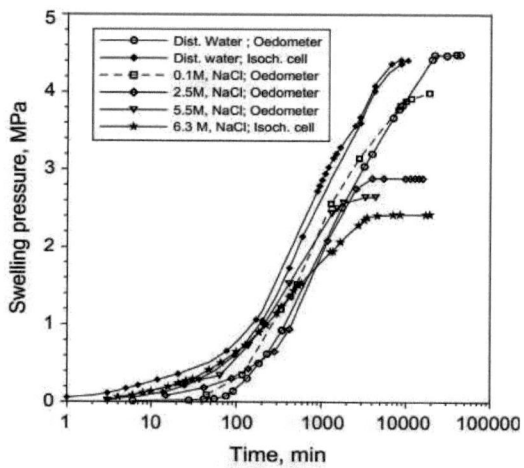

Figure I.22 Evolution des pressions de gonflement mesurées pour la bentonite FEBEX en utilisant différentes concentrations en NaCl (densité sèche initiale 1,65 g/cm3) (Castellanos et al., 2008).

Ainsi, Lee et al. (2012) mettent en évidence un effet osmotique sur la pression de gonflement P_{gonfl} de leur bentonite calcique (faite de 70% de smectite calcique, 29% de feldspath et environ 1% de quartz): P_{gonfl} est diminuée lorsque la concentration de l'eau d'imbibition en NaCl augmente. Dans le cas de la bentonite FEBEX (90% de smectite sodique) (Castellanos et al., 2008), on retrouve le même type d'évolution, où la pression de gonflement diminue avec la concentration en NaCl (elle est divisée par deux entre l'eau déminéralise et l'eau à 6.3M de NaCl), voir Figure I.21. Les auteurs notent que les variations de P_{gonfl} avec la minéralité de la solution sont moins marquées à des densités élevées. Par ailleurs, plus les échantillons de bentonite FEBEX sont saturés avec des solutions contenant une concentration élevée d'ions, moins ils sont déformables, et plus leur processus de gonflement est rapide, voir Figures I.21 et I.22 (a) (Castellanos et al., 2008; Pusch, 2001). La conductivité hydraulique de l'argile gonflante augmente avec la concentration en ions de la solution ; et ceci d'autant plus que le matériau est peu compacté (Pusch, 2001), voir Figure I.17 (b). L'utilisation de cations monovalents (Na$^+$, avec Cl$^-$) ou divalents (Ca^{2+}, avec 2Cl$^-$) modifie peu ces observations. (Suzuki et al., 2005) estiment que la concentration de la solution en ions augmente la fraction de macropores de l'argile gonflante, expliquant ainsi l'augmentation de la conductivité hydraulique.

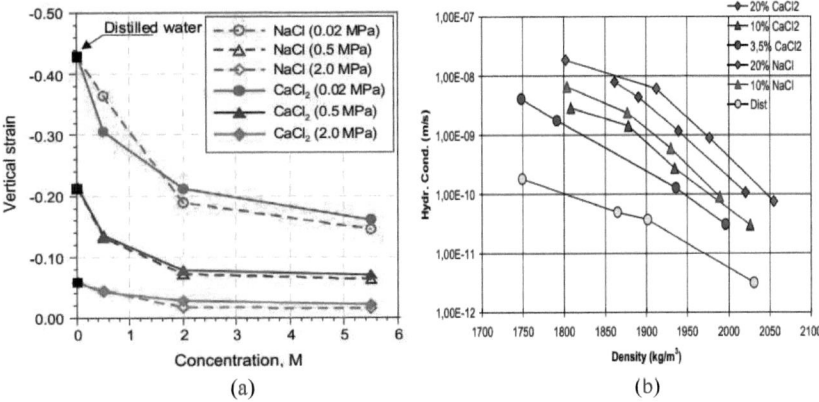

Figure I.23 (a) Evolution de la déformation verticale au cours de l'imbibition en cellule oedométrique de la bentonite FEBEX, sous une charge verticale de 0,5 MPa et en présence de différentes solutions (densité sèche initiale de 1,65 Mg/m^3) (Castellanos et al., 2008) ; (b) Effet de la concentration en CaCl$_2$ et en NaCl et de la densité sèche sur la conductivité hydraulique d'une argile faite de 45% de minéraux gonflants (Push, 2001).

I.5.2 Effets thermiques

Des variations modérées de température (de moins de 100°C) influent significativement le comportement de la bentonite, en particulier sur sa capacité de rétention d'eau, sa pression de gonflement, et sa conductivité hydraulique. De façon prévisible, (Romero et al., 2001; Tang et al., 2007) ont montré que la teneur en eau de l'argile gonflante diminue avec l'augmentation de la température: l'élévation de la température a réduit la capacité de rétention d'eau du matériau, voir Figure I.23 (a). La conductivité hydraulique de la bentonite, mesurée à chaud, augmente avec la température, voir Figure I.23(b): selon (Cho et al., 1999), la diminution de la viscosité de l'eau contribue à cette augmentation significative (par un facteur 6). Enfin, (Villar et Lloret, 2004) ont constaté que la capacité de gonflement de la bentonite FEBEX diminue avec l'augmentation de la température (elle est divisée par deux entre 20 et 80°C), voir Figure I.24, du fait d'une diminution de la quantité d'eau disponible pour ce gonflement.

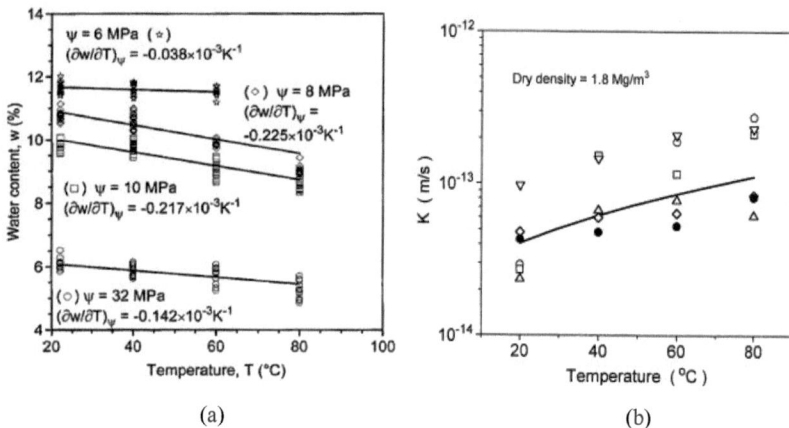

Figure I.24 (a) Relation entre la teneur en eau et la température pour l'argile de Boom (10-20% de smectite gonflante) (Romero et al., 2001); (b) Conductivité hydraulique d'une bentonite chinoise (70% de montmorillonite) compactée à une densité sèche de 1,8 Mg/m^3, à différentes températures (Cho et al., 1999).

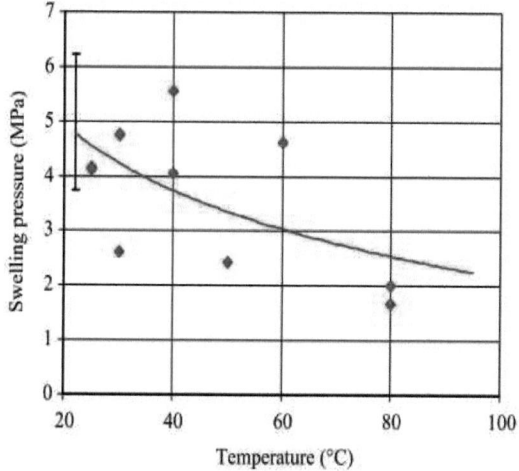

Figure I.25 Valeurs de la pression de gonflement en fonction de la température pour la bentonite FEBEX saturée et compactée à une densité moyenne de 1,58 g/cm^3 (Villar et Lloret, 2004).

Chapitre II - Description des méthodes expérimentales

Sommaire

Chapitre II - Description des méthodes expérimentales **51**

II.1 Matériaux et préparation des échantillons **52**

II.2 Essais de rétention d'eau **54**

    II.2.1 Analyse du problème *in situ* 54

    II.2.2 Mise en place des conditions oedométriques 55

    II.2.3 Mise en place des conditions libres 56

    II.2.4 Comment obtenir différents niveaux de saturation en eau? 56

II.3 Essai de perméabilité au gaz et mesure de la porosité sous confinement variable 57

    II 3.1. Méthode de la perméabilité en régime permanent 57

    II 3.2 Méthode de mesure de la perméabilité au gaz dite du « pulse test » 58

    II.3.3 Méthode pour mesurer la porosité d'un échantillon sous pression de confinement 60

II.4 Gonflement du mélange bentonite-sable compacté sous l'effet d'une pression de gaz et d'eau **61**

    II.4.1 Analyse du problème *in situ* et description du dispositif conçu au laboratoire 61

    II.4.2 Evaluation de la pression de gonflement de plug bentonite-sable 63

    II.4.3 Correction des perturbations thermiques (effets thermiques) 64

    II.4.4 Définition de la pression de gonflement totale à l'équilibre et de la pression de gonflement effective 65

II.5 Essai de percée de gaz **66**

    II.5.1 Pourquoi effectuer cette mesure désignée aussi « Gas Breakthrough Pressure » (GBP) ou pression de percée ? 66

    II.5.2 Méthode expérimentale pour mesurer le passage de gaz 67

    II.5.3 Définition des percées de gaz discontinue /continue 67

Introduction

Dans ce chapitre, nous présentons l'origine et le mode de préparation des bouchons de bentonite/sable utilisés, et les méthodes expérimentales mises en oeuvre dans nos campagnes expérimentales : (1) mesure des propriétés de rétention d'eau en conditions libres ou oedométriques, (2) mesure de la perméabilité au gaz et à l'eau et de la porosité sous chargement hydrostatique, et (3) essai de gonflement sous l'effet d'une pression de gaz et d'eau et essai de pression de percée associé. Si nécessaire, en début de section, nous rappelons succinctement les raisons (liées au contexte industriel) justifiant les conditions des essais réalisés.

II.1 Matériaux et préparation des échantillons

Pour contenir les éléments radioactifs de la structure de stockage vers la roche hôte, les matériaux faits d'argile gonflante doivent avoir les caractéristiques suivantes (Gatabin, 2005; Pusch, 2010):

(1) être bons conducteurs thermiques, de l'état sec à saturé.
(2) Avoir une bonne capacité de gonflement afin de remplir les vides technologiques sans développer une pression excessive qui pourrait endommager ou fracturer la roche.
(3) Avoir une faible perméabilité au gaz et à l'eau et une faible capacité de transport des ions à l'état saturé.

Tableau II.1 Répartition granulométrique de la bentonite et du sable.

Sable (silice)	Taille (mm)	1,25	0,8	0,63	0,5	0,315	0,2	<0,2
	Pourcentage(%)	0,49	14,9	40,7	16,45	23,16	2,72	1,57
Bentonite	Taille (mm)	0,2-2,1	>2,2	<0,212				
	Pourcentage (%)	98	<1%	<2%				

La réalisation de ces propriétés nécessite des caractéristiques de l'argile gonflante qui résultent d'un ensemble de compromis. Sur la base d'études préliminaires réalisées par l'Andra (Bosgiraud, 2004), le mélange retenu pour nos expériences est constitué de 30% de sable fin siliceux TH1000 et de 70% de bentonite GELCLAY WH2, qui est une bentonite sodique MX-80 (Wyoming, USA). Le mélange nous est directement fourni par le CEA (France) sous la référence RE08015. L'analyse chimique moyenne de la bentonite est la suivante : 62,90% SiO_2, 19,70% Al_2O_3, 4,09% Fe_2O_3, 2,32% MgO, 2,32% Na_2O, 1,28% CaO, 0,58% K_2O et 5,86% de perte au feu. Le sable anguleux TH1000 est fait de 99.0 % SiO2 (quartz). La distribution de taille de grains du sable est dans l'intervalle [0.2-2mm], voir Tableau II.1, ce qui est similaire à celle de la bentonite GELCLAY WH2, afin de disposer d'un mélange homogène. La densité solide du sable est de 2,65 Mg/m^3, celle de la bentonite GELCLAY WH2 est de 2,78 Mg/m^3.

La bentonite doit être au préalable partiellement saturée d'eau afin d'atteindre les conditions optimales de compactage identifiées par le CEA : teneur initiale en eau w=15,2% +/-1 et densité sèche ρ_d =1,77Mg/m³ +/-0,1. (Gatabin, 2005) a montré que ces conditions peuvent être obtenues en stabilisant la masse du mélange de bentonite-sable à une humidité relative *HR*=85%, puis en effectuant un compactage à 12MPa de pression uniaxiale dans un moule cylindrique en acier (en conditions oedométriques). Ces deux valeurs donneront en conditions isochores une pression de gonflement de 7MPa environ, qui fait également partie des sépcificatiosn de l'Andra.

Les échantillons compactéés (ou bouchons) de bentonite/sable sont préparés en série. Avant la fabrication d'une série, on fabrique un échantillon pour vérifier si ρ_d et *w* sont dans la gamme appropriée. Si tel n'est pas le cas, on modifie légèrement les conditions de saturation initiale (en général on attend plus longtemps la satbilisation à *HR*=85%), pour réaliser ces objectifs. Les échantillons obtenus après compactage font 12,5 mm ou 25 mm de hauteur et 36,7 mm de diamètre pour les essais de rétention d'eau ou 25 mm de hauteur et 42,5 mm de diamètre pour les essais de gonflement et les essais de percée de gaz, voir une photographie Figure II.1.

Figure II.1 Bouchons (ou plugs) de bentonite-sable de diamètre 36,7mm et 25mm de hauteur, juste après compactage.

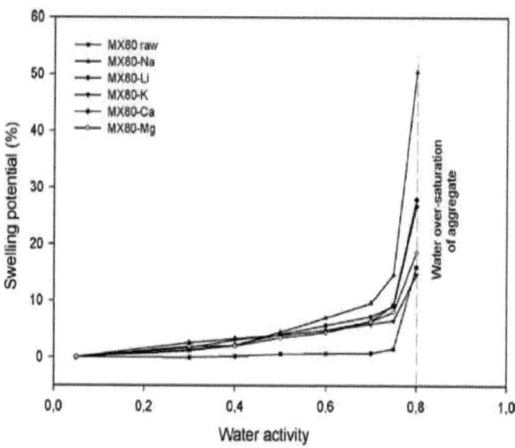

Figure II.2 Gonflement isotherme de la bentonite naturelle ou saturée par des cations (Na, Li, K, Ca, Mg) et naturelle, mesuré à l'échelle de l'agrégat par ESEM et analyse d'images digitale (Montes-H et al., 2005).

Nota: Montes-H et al. (2005) ont montré que la saturation complète des agrégats inidividuels de bentonite MX80 se produit au-dessus de $HR = 85\%$, quelle que soit leur saturation en ions initiale, voir Figure II.2. Par conséquent, lorsque la masse du mélange de poudre est stable à $HR = 85\%$, la saturation complète en eau des agrégats de bentonite peut être supposée atteinte : le compactage crée seulement une méso- ou une macro-porosité accessible à l'air, tandis que la micro-porosité à l'échelle des particules d'argile est complètement saturée par l'étape de stabilisation à $HR=85\%$. Selon la loi de Kelvin-Laplace à 20°C, $HR= 85\%$ correspond à une taille de pore saturé de 13nm de diamètre au maximum: cela correspond aux pores principalement situés à l'intérieur des agrégats de la bentonite. Ainsi, voir Montes-H et al. (2005) à nouveau, la porosimétrie par intrusion de mercure de la bentonite lyophilisée et compactée présente une distribution de particules bimodale: le premier pic est centré aux environs de 10nm, indépendamment de la pression de compactage, ce qui est attribué à la micro-porosité des agrégats d'argile ; un deuxième pic de pores est compris entre 300 et 2000 microns (méso et macro-porosité), selon la valeur de la pression de compactage utilisée.

II.2 Essais de rétention d'eau

II.2.1 Analyse du problème *in situ*

In situ, la barrière d'argile est principalement formée de blocs de bentonite compactée disposés en tranches verticales et qui vont présenter des écarts de construction (jeux) initiaux (Villar et al., 2007). Il faut noter ici que la présence des jeux entre les plugs est à l'origine de l'évolution des conditions de gonflement lors de la saturation. En conditions de déplacement libre, à la périphérie de la barrière (et donc au contact de l'eau souterraine et de la roche hôte), la bentonite va d'abord remplir les vides entre les blocs eux-mêmes, puis entre les organes métalliques et les blocs, entre les blocs et la roche hôte, et enfin les fractures dans la roche hôte dues à l'excavation. Le surcroît de gonflement est ensuite bloqué par la roche hôte et la pression de gonflement se développe. Les bouchons situés plus au centre de la barrière n'ont pas un accès aussi rapide à l'eau souterraine, et les bouchons de la périphérie vont d'abord leur appliquer une pression, liée à leur gonflement, avant qu'ils puissent eux-même gonfler, dans des conditions qui seront alors plus proches des conditions oedométriques. Selon leur position dans la structure, les bouchons vont donc pouvoir de remplir plus ou moins d'eau, dans des conditions oedométriques ou libres : ceci est évalué au laboratoire via les essais de rétention d'eau dans les deux types de conditions.

II.2.2 Mise en place des conditions oedométriques

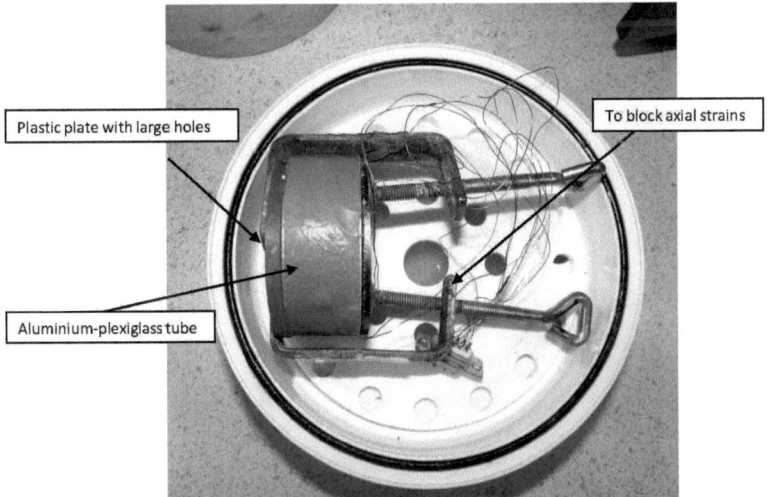

Figure II.3 Dispositif expérimental utilisé pour laisser le bouchon de bentonite-sable gonfler sans changement de volume significatif.

Afin de reproduire les conditions oedométriques (ou plutôt isochore, à volume constant), on a choisi de laisser gonfler la bentonite dans un tube d'aluminium-plexiglas (dont le fluage est négligeable et la raideur suffisante pour contenir les pressions de gonflement prévues). Les déformations axiales dont bloquées avec deux plaques poreuses retenues par des serre-joints. Les plaques poreuses sont soit inox fritté soit en plastique épais percé pour permettre les échanges d'eau entre la bentonite et son environnement, voir Figure II.3. Un premier test utilisant deux plaques d'acier s'est révélé trop long, nous amenant à utiliser une plaque de plastique avec des grands trous (d'environ 5mm de diamètre) pour accélérer la cinétique de saturation du deuxième test.

Voici la méthodologie pour les deux essais :
- Compactage des échantillons comme décrit ci-dessus.
- Pesée sèche des échantillons et des pièces du montage expérimental (tubes, plaques, etc...).
- Équilibres successifs à HR=70, 75, 85, 92, 98 % (jusqu'à la stabilisation de la masse) et saturation complète afin d'obtenir une masse saturée et déduire le niveau de saturation S_w en eau. On rappelle que S_w = (masse à une HR donnée –masse sèche) / (masse saturée-masse sèche) (%).

II.2.3 Mise en place des conditions libres

La différence par rapport aux essais en conditions oedométriques est simple : les échantillons sont mis en dessiccateur sans le système de blocage de volume. La procédure est ensuite la même qu'en conditions oedométriques.

II.2.4 Comment obtenir différents niveaux de saturation en eau?

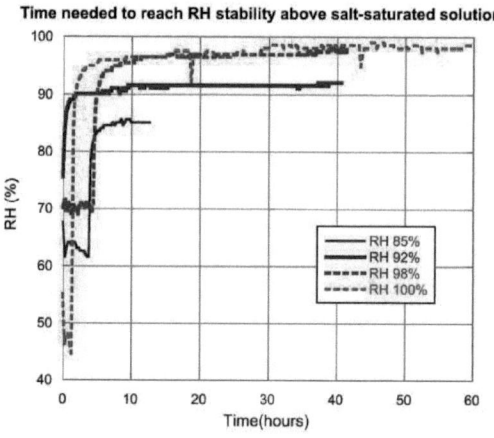

Figure II.4 Temps nécessaire pour atteindre la stabilité HR au-dessus des solutions saturées en sel.

Pour obtenir un bouchon partiellement saturé en eau, qu'il soit en conditions isochores ou libres, on le place sur un plateau perforé, situé dans une cloche hermétique à une humidité relative HR donnée : 70%, 75%, 85%, 92%, ou 98%. Ces humidités relatives sont fournies par des solutions salines différentes (Greenspan, 1977). La saturation complète en eau est obtenue à la stabilisation de la masse dans une cloche hermétique à 100% HR (au-dessus de l'eau distillée pure). Dans chaque cloche hermétique, l'échantillon est mis sur le plateau perforé, juste au-dessus la surface d'eau, là où l'humidité réelle est la plus proche de la valeur ciblée. Un capteur (de HR et température) est placé dans la cloche hermétique pour noter et vérifier les conditions intérieures. En fonction de la valeur d'humidité HR, 8~40 heures sont nécessaires à la stabilisation, voir Figure II.4: 8h pour 85% *HR*, 10h pour 92% *HR*, 35h pour 98% *HR*, et 40h pour 100% *HR*. Par conséquent, les cloches hermétiques ne sont ouvertes que tous les deux, trois ou sept jours pour peser les échantillons jusqu'à stabilité.

II.3 Essai de perméabilité au gaz et mesure de la porosité sous confinement variable

II 3.1. Méthode de la perméabilité en régime permanent

Cette méthode donne des résultats dans es délais raisonnables (quelques minutes à quelques heures) pour les perméabilités au gaz $K_g \geq 10^{-19} m^2$. Nous détaillons ci-dessous la méthode de mesure utilisée. Comme le montre la Figure II.5, un échantillon cylindrique circulaire est soumis à un écoulement unidimensionnel de gaz à une pression de gaz P_i sur un côté (le côté amont), tandis que l'autre côté (aval) est maintenu à la pression atmosphérique P_0. Pour cela, l'échantillon est placé en cellule hydrostatique, ce qui permet de superposer un chargement mécanique à l'écoulement de gaz dans le réseau poral. Quand le régime permanent est établi, le profil de pression dans l'échantillon suivant l'axe x de l'écoulement est donné par :

$$P(x) = \sqrt{P_i^2\left(1 - \frac{x}{h}\right) + P_0^2 \frac{x}{h}} \qquad (II.1)$$

où $x = 0$, $P_x = P_i$ (la pression d'injection); $x = h$ (h est la hauteur d'échantillon), $P_x = P_0$ (la pression d'atmosphérique).

Dans le cas d'un écoulement stationnaire, la loi de Darcy peut être écrite comme suit :

$$V_x = -\frac{K_g}{\mu}\frac{dP}{dx} \qquad (II.2)$$

où V_x est la vitesse moyenne du gaz suivant la direction x, K_g est la perméabilité suivant x également, et μ est la viscosité de fluide (pour l'argon, sa valeur est 2.2×10^{-5} Pa·s). V_x est déduite de la mesure du débit volumique $Q=V_x/A$ à travers l'échantillon, où A est la surface de sa section transversale. Cependant, il est souvent difficile de mesurer le débit avec des capteurs dans la gamme de pression requise. En conséquence, une méthode d'écoulement "quasi-stationnaire" a été développé par Skoczylas (1996), Meziani et Skozylas (1999). Son schéma de principe est présenté à la Figure II.5. Un réservoir tampon est placé entre la source de gaz et l'échantillon. Au début, le gaz est injecté via le réservoir tampon jusqu'à la pression amont requise, puis la valve I est fermée. Au temps $t = 0$, la pression de gaz en amont est P_i. Δt est enregistrée lorsque la pression P_i chute de la valeur initiale jusqu'à $P_i - \Delta P_i$ ($\Delta P i$ est petit devant P_i). On fait ensuite l'hypothèse que tout se passe comme si on avait réalisé un essai en régime permanent à une pression d'injection moyenne $P_{mean} = (P_i + P_i-\Delta P_i)/2 = P_i - \Delta P_i/2$. Sur la base de ces hypothèses, Q_{mean} peut être calculé avec la formule :

$$Q_{mean} = \frac{V_1 \Delta P_1}{P_{mean} \Delta t} \qquad (II.3)$$

où V_1 est le volume du réservoir tampon. Au cours de ces expériences, le gaz est supposé parfait et le test être effectué dans des conditions isothermes. Par conséquent, en combinant l'équation du bilan massique et la loi de Darcy, la perméabilité est calculée avec la formule suivante :

$$K_g = \frac{\mu Q_{mean}}{A} \frac{2hP_{mean}}{(P_{mean}^2 - P_0^2)} \qquad (II.4)$$

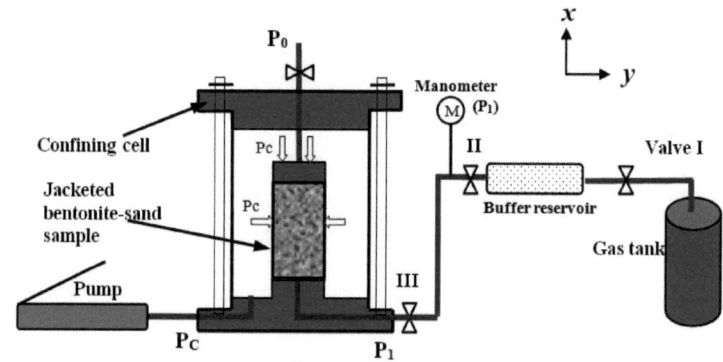

Figure II.5 Schéma de l'essai de perméabilité au gaz en régime permanent.

II 3.2 Méthode de mesure de la perméabilité au gaz dite du « pulse test »

Pour des perméabilités K_g inférieures à $10^{-19} m^2$, la méthode en régime permanent peut s'avérer assez longue, et on lui préférera une autre méthode : le pulse test (Brace et Martin, 1968). Comme pour la méthode en régime permanent, on utilise un échantillon cylindrique circulaire chargé mécaniquement en cellule hydrostatique, et dont les deux extrémités sont placées entre deux réservoirs de gaz à la même pression statique initiale : P_1. Puis on impose une légère augmentation de la pression appliquée du côté amont (un pulse de pression), et le gaz peut s'écouler du côté amont vers le côté aval. Pendant l'écoulement, on mesure l'évolution de la différence de pression entre le côté amont et le côté aval, *(P_1-P_2)*, en fonction du temps *t*, voir la Figure II.6. Des méthodes d'analyse simplifiées, proposées par Skoczylas et Henry (1995), Hsieh et al. (1981) et Neuzil et al. (1981), décrivent cette différence de pression avec une exponentielle: *(P_1 -P_2) (t)* = $\Delta P_1 \exp(-cKt)$ où c est défini par la formule suivante :

$$c = \frac{K_g A}{\mu h}\left(\frac{1}{V_1} + \frac{1}{V_2}\right) P_f \qquad (II.5)$$

où K_g est la perméabilité au gaz, A est la surface de section transversale de l'échantillon, μ est le coefficient de viscosité dynamique du gaz injecté, V_1 et V_2 sont les volumes des deux réservoirs tampons et P_f est la pression du gaz à l'équilibre final (donnée par la loi des gaz parfaits si le volume poreux est, soit faible devant V_1 et V_2, soit connu).

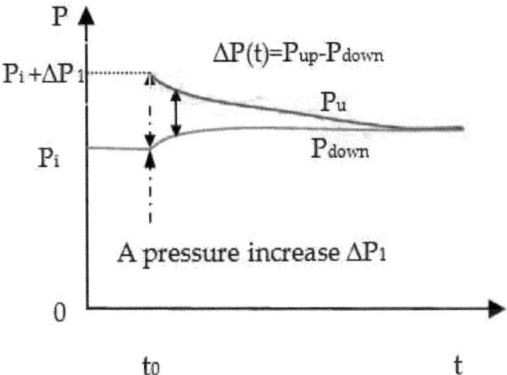

Figure II.6 Evolution de la pression du côté amont et du côté aval de l'échantillon pendant le pulse de pression.

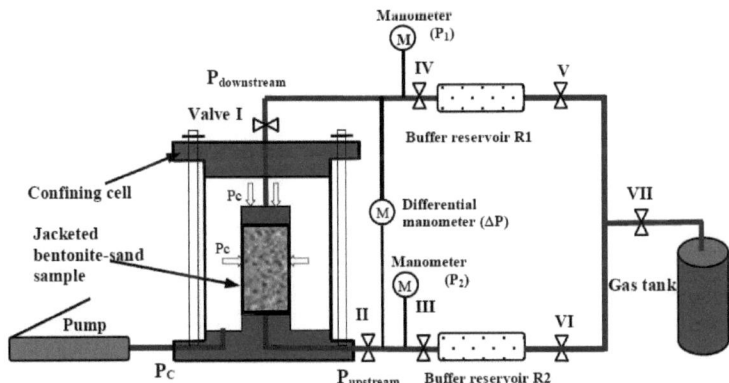

Figure II.7 Schéma de principe de l'essai de perméabilité au gaz « pulse test ».

L'ensemble de la procédure utilisée peut être décrite comme suit, voir Figure II.7 :

(1) Une pression initiale P_1 est appliqué des deux côtés de l'échantillon. Toutes les valves sont ouvertes, sauf la valve VII. Une à deux heures plus tard, la pression d'équilibre est généralement obtenue: $P_1 = P_2 = P_i$.

(2) Alors les valves VI et I sont fermées, et une augmentation de pression est appliquée au réservoir R1 en ouvrant la valve VII: $P_1 = P_i + \Delta P_1$, $P_2 = P_i$.

(3) La valve VII est fermée et la valve I est ouverte pour permettre au gaz de circuler à travers l'échantillon. Pendant ce temps la différence de pression, $(P_1 - P_2)$, en fonction du t, est enregistrée: $P_1 = P_1(t)$, $P_2 = P_2(t)$.

II.3.3 Méthode pour mesurer la porosité d'un échantillon sous pression de confinement

On a conçu au laboratoire un test destiné à mesurer la porosité d'un échantillon poreux placé sous confinement. Ce test s'inspire des essais pycnométriques usuels. Il consiste à injecter du gaz dans l'échantillon à chaque étape de chargement ou de déchargement et à mesurer le volume ainsi envoyé dans l'échantillon, qui est une mesure du volume poreux connecté accessible au gaz (Chen et al., 2013), voir Figure II.8. Cette injection se déroule à partir d'un réservoir dont le volume est parfaitement calibré. C'est l'équilibre final des pressions qui va donner le volume de l'espace poreux dans le matériau.

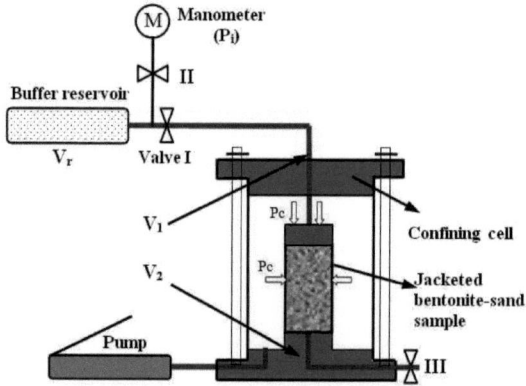

Figure II.8 Dispositif de mesure la porosité utilisant l'injection de gaz. L'échantillon est monté dans la cellule triaxiale, et l'accès des gaz est permise sur un seul côté (amont).

Concrètement, l'échantillon est mis dans la cellule triaxiale à une pression de confinement P_c. Le gaz peut accéder à l'échantillon d'un côté, mais il ne peut sortir du matériau (la valve III en aval est fermée). Le gaz est injecté à partir d'un réservoir calibré d'un volume connu à une pression P_I, et il est supposé parfait. Après l'injection de gaz à travers le volume des pores accessibles, on atteint l'équilibre à une pression finale P_f de telle sorte que, en tenant compte des différents volumes, du réservoir calibré, des tuyauteries et volumes morts (eux aussi calibrés) et le volume de l'échantillon, on obtient (à partir de la loi des gaz parfaits) :

$$P_1 V_r = P_f(V_r + V_t + V_p) \qquad (II.6)$$

Ceci fourni une quantification de volume des pores V_p, à partir du volume du réservoir V_r et du volume des tuyaux V_t. Ceux-ci sont déterminées au moyen d'un essai préliminaire (qui consiste à remplacer l'échantillon par un échantillon non poreux). Le manomètre utilisé pour mesurer P_I et P_f a une précision de 10^{-4} MPa. A partir des données du volume poreux sous charge V_p, la porosité conventionnelle ϕ est calculée en utilisant le volume initial de l'échantillon V_{ini} : $\phi = (V_p/V_{ini})$.

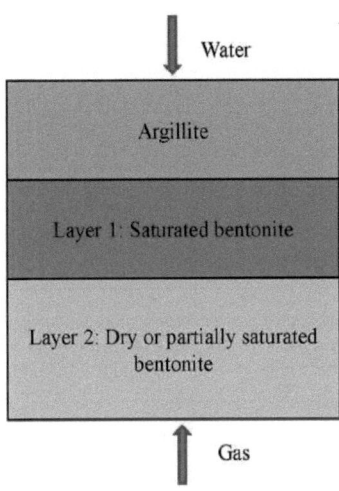

Figure II.9 Schéma simplifié de la saturation des bouchons de bentonite/sable compactés *in situ* en présence de gaz.

II.4 Gonflement du mélange bentonite-sable compacté sous l'effet d'une pression de gaz et d'eau

II.4.1 Analyse du problème *in situ* et description du dispositif conçu au laboratoire

La conception d'un montage vise à reproduire une certaine réalité de l'ouvrage. Dans le cas des barrières de scellement en briques (bouchons) de bentonite-sable compactée, on a vu que la saturation complète est progressive, et elle peut être obtenue après des temps suffisamment longs pour que le gaz (hydrogène) généré par la présence de déchets aient eu le temps de monter en pression dans l'ouvrage. Ainsi, l'Andra prévoit qu'une pression de gaz puisse s'exercer sur des bouchons de scellement partiellement saturés, soumis d'un côté à l'imbibition de l'eau souterraine (via les bouchons complètement saturés ou via la roche hôte), voir le schéma simplifié de la Figure II.9. C'est ce type d'expérimentation qui est actuellement en cours in situ (au laboratoire souterrain de l'Andra à Bure) sous le nom de « PGZ » et pour lequel les expérimentations décrites ici se proposent d'apporter des résultats dans des conditions aux limites contrôlées, pour l'analyse des phénomènes ou des calculs numériques.

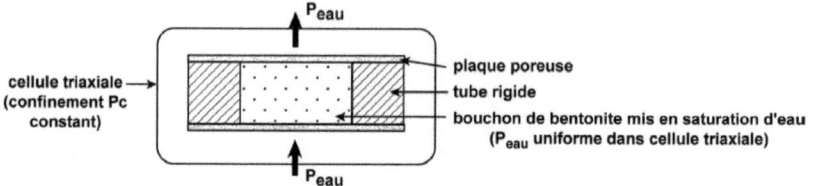

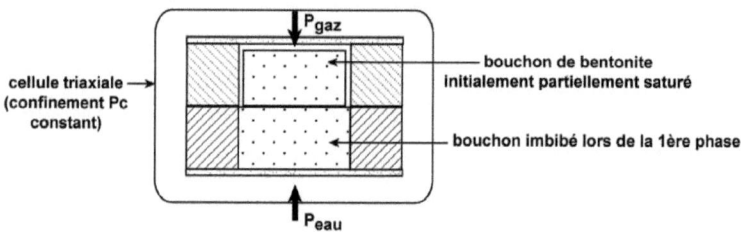

Figure II.10 Schéma de l'essai de laboratoire d'imbibition en présence d'eau et de gaz, en deux étapes successives.

Sur la base de cette analyse, un dispositif expérimental a été conçu dans notre laboratoire, voir Figure II.10. Deux tubes mixtes (faits anneaux d'aluminium-plexiglas concentriques) ont été choisis pour leur rigidité alliée à un fluage négligeable (essais préliminaires) : on peut voir l'un d'entre eux à la Figure II.11. Ces tubes font 25mm de hauteur, 65mm et 42,5mm de diamètres extérieur et intérieur respectivement. L'essai de gonflement se déroule en deux phases. La première phase consiste à saturer un plug de bentonite-sable avec de l'eau de site reconstituée proche de celle *in situ*, voir Figure II.10 (haut). La phase 2 commence après le démontage et le remontage de la cellule triaxiale. L'ensemble est maintenant composé du premier échantillon complètement saturé et d'un deuxième tube + plug de bentonite placé juste au-dessus de premier tube, voir Figure II.10 (bas). À l'intérieur du tube supérieur, le plug de bentonite-sable est dans son état initial (i.e., juste après compactage). Ce deuxième plug sera ainsi alimenté en eau par celui placé en partie inférieure. Cela permet d'être assez réaliste et proche de la situation *in situ*. La pression de gaz est injectée sur la face supérieure et la pression d'eau est injectée sur la face inférieure. Nous avons choisi trois cas possibles : $P_g = 0$ (cas de référence), P_{gaz} =2MPa, P_{gaz} = 4MPa ou P_{gaz} = 8 puis 6MPa, où 8MPa est la valeur maximale étudiée. La pression d'eau est conservée à une valeur constante de 4MPa: c'est la pression de l'eau porale de l'argilite *in situ*. Cette valeur a motivé le choix d'une pression de gaz de 4MPa. Les valeurs supérieures de 6 ou 8MPa sont choisies arbitrairement afin de créer un contraste important vis-à-vis de la pression d'eau.

Figure II.11 Un des petits tubes utilisés pour l'essai de gonflement avec pression de gaz, avec un échantillon de bentonite/sable entièrement saturé et gonflé à l'intérieur.

II.4.2 Évaluation de la pression de gonflement de plug bentonite-sable

C'est un des points clefs qui consiste à vérifier que les plugs réalisés offriront à la suite de la saturation en eau, une pression de gonflement proche de la valeur cible Andra de 7MPa.

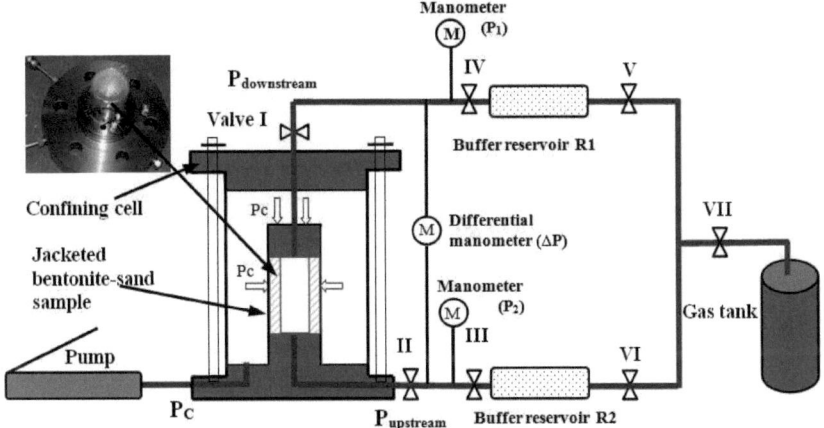

Figure II.12 Système expérimental utilisé pour l'essai d'étalonnage.

Plusieurs tubes d'aluminium-Plexiglass^{TM} ont été fabriqués, d'une hauteur de 25 mm et de 42,5 mm de diamètre interne. Chaque tube est calibré en cellule triaxiale pour relier la pression exercée sur la face interne du tube aux déformations à sa surface externe, voir Figure II.12. Pour cela, le tube est instrumenté avec quatre jauges de déformation placées latéralement. L'ensemble est placé dans une cellule à la pression de confinement de 12MPa (égale à la contrainte principale majeure *in situ*) et assurée par une pompe manuelle ENERPAC, voir Figure II.12. Le gaz est injecté dans le tube à des pressions différentes P_i qui simulent le gonflement de l'échantillon de bentonite/sable. Les 4 jauges enregistrent la déformation latérale de la surface externe du tube à pression de gaz P_i connue. De très bonnes linéarité et réversibilité ont été obtenues pour chaque tube utilisé, voir l'exemple Figure II.13.

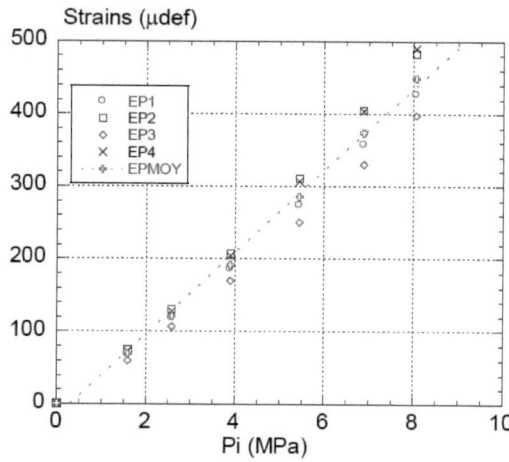

Figure II.13 Exemple d'étalonnage de tube plexiglas-aluminium : la valeur moyenne est utilisée pour relier les valeurs des déformations des jauges à la pression de gonflement exercée sur la face interne du tube.

II.4.3 Correction des perturbations thermiques (effets thermiques)

Différents auteurs ont montré l'importance de corriger l'influence des variations thermiques dans la pièce où sont effectués les essais de gonflement (Villar et al., 2004; Ishimori et Katsumi, 2012; Ye et al., 2012). Il faut signaler ici que chaque test, effectué pour cette étude, dure longtemps (généralement un où deux mois). Même si celui-ci est effectué dans une salle climatisée, des petites perturbations de la température les résultats réels (i.e., la traduction des déformations en pression de gonflement). Ainsi, un deuxième tube de Plexiglas^{TM}-Aluminium équipé de quatre jauges de déformation est placé sur la paillasse à côté de la cellule triaxiale. Il n'est pas chargé mécaniquement, et n'est utilisé que pour corriger l'effet thermique. La Figure II.14 (a) montre que la valeur moyenne de la déformation est fonction de la température. La relation observée entre la température et la déformation du tube présente une variation moyenne de 23µdef quand la température augmente ou diminue de un degré. Par conséquent, il est essentiel de considérer l'effet thermique lors du calcul de la pression de gonflement. Une telle correction est présentée à la Figure II.14 (b), où l'on constate une différence allant jusqu'à 2MPa sur la valeur de la pression de gonflement, selon qu'elle est corrigée ou pas des effets thermiques.

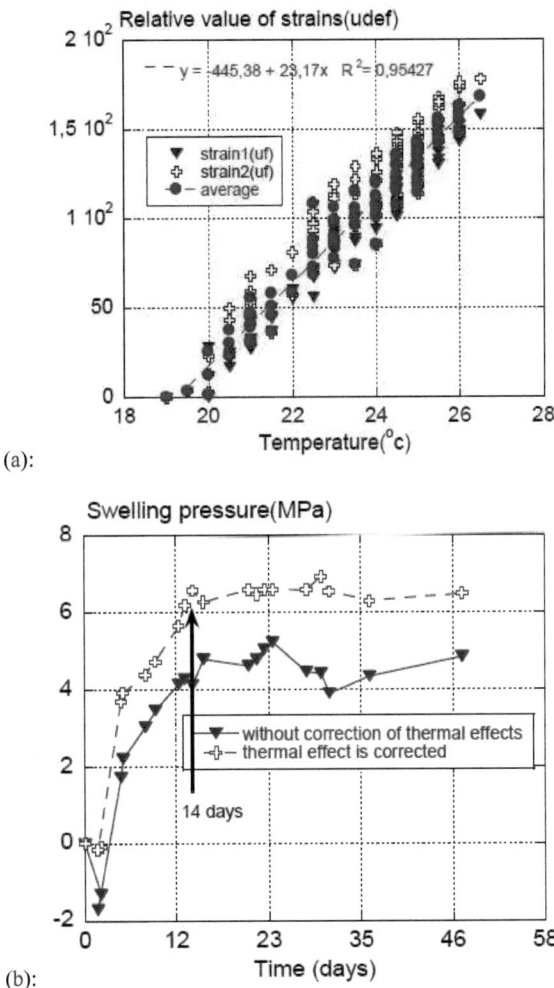

Figure II.14 (a) Relation entre la température et la valeur des déformations des jauges du tube non chargé mécaniquement, situé à côté de la cellule triaxiale ; (b) Exemple de correction de l'effet thermique sur la pression de gonflement d'un plug de bentonite-sable.

II.4.4 Définition de la pression de gonflement totale à l'équilibre et de la pression de gonflement effective

Habituellement, un mois au moins est nécessaire pour que la pression de gonflement du plug supérieur commence à se stabiliser, voir Figure II.14 (b). À la stabilisation de P_{gonfl}, celle-ci est la somme de plusieurs termes : la pression de gaz (en partie), la pression d'eau (en partie) et la pression de contact effective entre la matrice solide du plug et la surface intérieure du tube. Cette pression de gonflement est appelée *pression de gonflement total à l'équilibre* (P_{total}). Dès la stabilisation atteinte, les pressions de gaz et d'eau sont mises à zéro, et la pression de gonflement va décroître vers un nouvel équilibre. Cette nouvelle pression d'équilibre est appelée la *pression de gonflement effective* (P_{eff}), qui est seulement due à la matrice solide du plug agissant sur la surface interne du tube, en l'absence des pressions d'eau et de gaz. C'est cette pression qu'il faut comparer à la pression cible de l'Andra.

II.5 Essai de percée de gaz

II.5.1 Pourquoi effectuer cette mesure désignée aussi « Gas Breakthrough Pressure » (GBP) ou pression de percée ?

L'objectif principal de l'essai de saturation (ou gonflement) en présence d'une pression de gaz est d'évaluer l'influence du gaz et de sa pression relative (par rapport à celle de l'eau) sur la saturation résiduelle du matériau. Trois aspects ont été choisis pour évaluer cette influence :

(a) La cinétique du gonflement observée par l'évolution de la pression totale.
(b) La valeur de la pression effective mesurée après stabilisation de la pression totale et l'arrêt des injections d'eau et de gaz : c'est la pression effective de gonflement
(c) La saturation en eau du plug à l'issue du gonflement stabilisé

La saturation est en effet très difficile à mesurer car il faudrait extraire le plug du tube sans perte de matière, pour le peser et le sécher. Il est aussi très délicat de définir un état de référence permettant de calculer une saturation car le matériau est très déformable et sa porosité n'est pas très bien définie. D'autre part, après la phase de gonflement, il est nécessaire d'effectuer des mesures complémentaires qui ne sont pas compatibles avec un démontage de l'échantillon et qui vont produire des variations de saturation (perméabilité au gaz…). Il est donc préférable d'utiliser un test « semi-quantitatif », qui est la mesure de la pression de percée. Cette pression est très sensible à la dé-saturation du matériau et on verra qu'elle permet d'indiquer avec une bonne certitude si l'échantillon est saturé ou non, voir également (M'Jahad, 2012). En outre, la conduite de l'essai tel que nous l'avons conçu, permet de mesurer la perméabilité effective au gaz à l'issue de la percée.

En utilisant des tubes dont la face interne est lisse (passage de gaz facilité) ou rainurés (passage du gaz rendu plus difficile), l'essai de pression de percée va donner une information sur la saturation du mélange bentonite-sable mais aussi permettre d'identifier le lieu de passage : dans la masse du matériau ou à l'interface tube-plug.

Par ailleurs, si le matériau n'est pas complètement saturé avec la présence du gaz, il peut être utile d'observer si la saturation reprend en exerçant une pression de gaz plus faible (toujours avec la même pression d'eau de 4MPa). Ceci pourrait être le cas *in situ*, correspondant à une pression de gaz qui s'atténue progressivement.

II.5.2 Méthode expérimentale pour mesurer le passage de gaz

Dans cette thèse, la méthode standard par paliers est employée car, bien que le temps d'essai soit (très) long, elle permet d'approcher plus précisément le cas in- situ en simulant bien une montée progressive de la pression de gaz jusqu'à la percée finale. On peut aussi ajouter que cette méthode permet d'observer différentes phases d'écoulement du gaz au cours de la percée: poussée d'eau, écoulement intermittent et écoulement continu. L'observation de ces phases n'est pas possible avec les autres méthodes. Comme nous l'avons précisé précédemment (Chapitre II 4.4.), le test de gonflement est arrêté lorsque la pression de gonflement totale devient stable. Ceci implique que les pressions de gaz et d'eau soient mises à zéro. Cette étape permet de mesurer la pression effective de gonflement. On procède ensuite à l'essai de percée au gaz qui est effectuée en remplaçant le tube+plug inférieur par un tube vide, voir Figure II.15. Le gaz est injecté dans ce tube vide. En utilisant l'argon pur (à 98%), la détection de gaz est effectuée dans une chambre en aval, à la fois par un manomètre (précision $\pm$ 0,001bar) et un détecteur de gaz dédié (de capacité de détection de l'argon de $\pm 1 \mu l$ / sec). L'essai montre que la pression aval augmente régulièrement jusqu'à ce qu'un écoulement de gaz continu soit détecté.

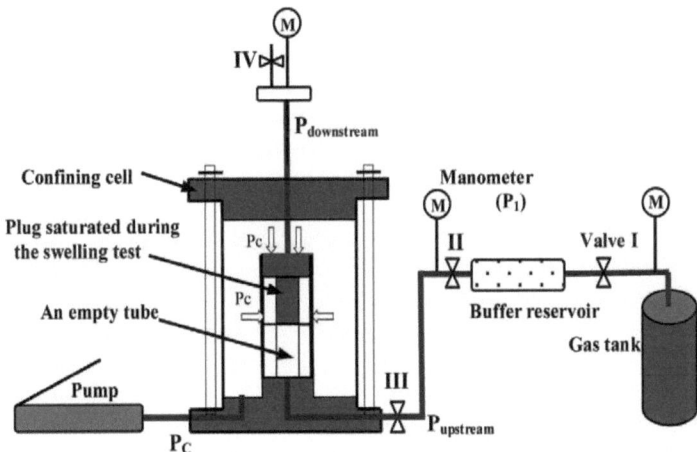

Figure II.15 Schéma d'essai de percée de gaz: le robinet IV est ouvert lorsque la détection de gaz est effectuée, et les robinets II et robinet III sont ouverts pendant chaque étape d'injection de gaz du côté amont; le robinet I est ouvert pour augmenter la pression de gaz dans le réservoir tampon.

II.5.3 Définition des percées de gaz discontinue /continue

Comme indiqué dans la Figure II.15, ce test spécifique consiste à ouvrir périodiquement la chambre aval avec le robinet IV, et en même temps à placer un détecteur de gaz qui permet de mesurer des débits aussi petits que 1µl / sec. Si le détecteur détecte la présence d'argon dans la chambre aval avec un débit continu (sur une période d'au moins 10 secondes renouvelée sur plusieurs heures d'affilée), on qualifie le passage de gaz comme continu, et la pression de gaz correspondante est la *pression de percée de gaz continue* (P_{con}). Si après avoir détecté le gaz qui s'est accumulé dans la chambre aval, le détecteur ne détecte plus rien au bout de 10 secondes d'attente, on qualifie l'écoulement (ou le passage) de discontinu ou intermittent, et la pression de gaz correspondante est appelé *pression de percée de gaz discontinue* (P_{dis}). A ce stade il n'est pas possible de déterminer la nature exacte de l'écoulement du gaz avant qu'il ne soit réellement continu au sens d'une perméation.

Chapitre III - Essais de rétention d'eau en conditions libres ou conditions oedométriques

Sommaire

Chapitre III - Essais de rétention d'eau en conditions libres ou conditions oedométriques 69

    III.1 Essais de rétention d'eau dans des conditions oedométriques 71

    III.2 Essai de rétention dans des conditions libres 73

        III.2.1 Essai de rétention dans des conditions libres et juste après compactage 73

        III.2.2 Essai de rétention dans des conditions libres (après essai de perméabilité au gaz) 76

    III.3 Comparaison des essais de rétention d'eau : conditions libres et conditions oedométriques, juste après compactage 79

    III.4 Conclusion 81

Introduction

Ce chapitre présente les résultats des essais de rétention d'eau des bouchons de bentonite/sable compactés et laissés en conditions libres ou œdométriques, suivant la méthodologie détaillée au Chapitre II.

A partir de sa compaction initiale, chaque échantillon subit une imbibition progressive en commençant par HR = 70, puis 75, 85, 92, 98 et finalement 100% (eau pure) pour SO1 et SO2, ou HR = 75, 85, 92, 98 et finalement 100% (eau pure) pour SF1 et SF2 voir Tableau III.1 : deux échantillons de mêmes dimensions (SO1 et SO2) ont été testés en conditions œdométriques, et trois séries (échantillons SF1, SF2 et série SF3) en conditions de déplacement libre. SF1 a une hauteur moitié moins élevée que celle de SF2 ; les échantillons de la série SF3 sont de diamètre 37mm pour pouvoir être placés en cellule hydrostatique. Chaque échantillon de la série SF3 est soumise à une humidité relative HR donnée après un premier essai de perméabilité au gaz à confinement variable (jusqu'à $P_{c\,maxi}$=5MPa), puis tous les échantillons sont soumis à HR=100% pour déterminer leur état de saturation complète.

Tableau III.1 Nomenclature des échantillons et conditions aux limites des essais.

N.	Nombre	Conditions aux limites	Notes
SO1	1 (hauteur 25mm, diamètre 42,5mm)	Conditions oedométriques	1) Essais de rétention d'eau menés directement après le compactage 2) HR = 70% puis 75% (SO1 et SO2) ou 75% (SF1 et SF2), puis 85%, 92%, 98% et enfin 100%
SO2	1 (hauteur 25mm, diamètre 42,5mm)		
SF1	1 (hauteur 12,5mm, diamètre 42,5mm)	Conditions libres	
SF2	1 (hauteur 25mm, diamètre 42,5mm)		
SF3	4 (hauteur 12,5mm, diamètre 37,6mm)	Conditions libres	1) Essais de rétention d'eau menés après l'essai de perméabilité au gaz K_g 2) HR =75% ou 85%, 92%, 98% puis tous les échantillons à HR=100%

Remarque : les changements de masse des différents échantillons ne sont pas identiques à HR = 70%: la masse de SO2 à stabilisation à HR=70% est quasiement la même qu'après compactage (elle augmente de moins de 0,1g), alors que celle de SO1 augmente significativement (de 0,7g), voir Figure III.1. Ceci est certainement dû à des différences liées à leur mode de préparation, par exemple en terme de valeur exacte de leur densité sèche, qui peuvent conduire à des différences dans la structure poreuse. La densité sèche n'a pas pu être mesurée pour chaque échantillon, car le séchage conduit à un retrait irréversible et à une macro-fissuration.

III.1 Essais de rétention d'eau dans des conditions oedométriques

Les Figures III.1 et III.2 donnent les résultats complets de variation de masse des échantillons SO1 et SO2 en fonction du temps, aux différentes *HR* successives auxquelles ils ont été soumis. On constate que la durée d'essai est de plus de 200 jours. A la Figure III.2, la masse relative est évaluée par rapport à la masse après compactage.

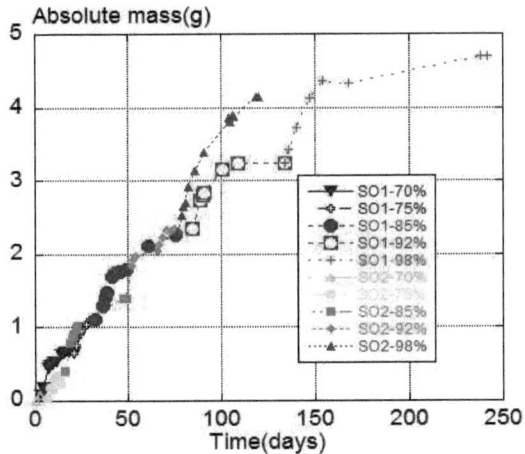

Figure III.1 Comparaison de la variation de masse absolue pour l'échantillon SO1 et l'échantillon SO2.

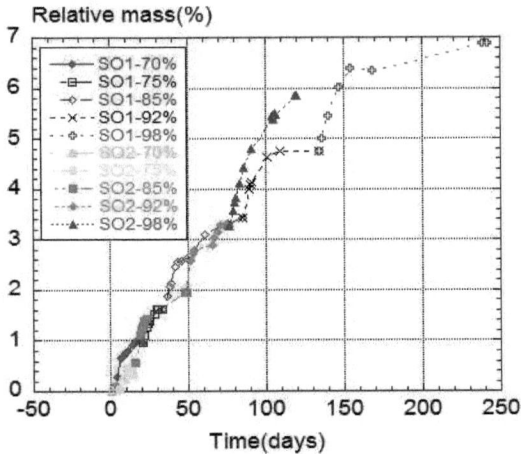

Figure III.2 : Variations relatives de masse à partir de la masse à l'état de compaction initiale : échantillons SO1 et SO2.

On peut voir à la Figure III.1 que la masse de l'échantillon SO2 n'est pas encore stabilisée à $HR = 98\%$. Il est néanmoins possible de comparer les résultats pour les deux échantillons jusqu'à $HR = 92\%$. On retrouve pour chaque échantillon une grande capacité d'absorption d'eau avec une cinétique de stabilisation qui est très longue aux hautes humidités.

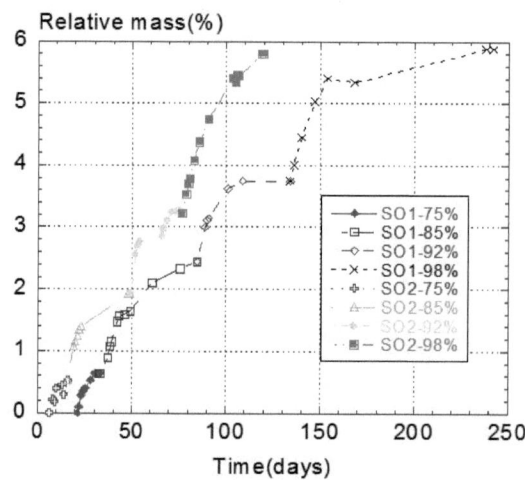

Figure III.3 Variations relatives de masse à partir de la masse à l'équilibre à $HR=70\%$: échantillons SO1 et SO2.

Comme les variations de masse des échantillons sont différentes à $HR = 70\%$, nous avons choisi de tracer la variation relative de masse en prenant comme référence la masse stabilisée à $HR = 70\%$, voir Figure III.3. On a vu au chapitre I que selon la loi de Kelvin Laplace à 20°C, plus l'HR augmente, plus des pores de gros diamètre se remplissent. Ainsi, sur une figure comme la Figure III.3, à HR donné, plus la masse relative est élevée, plus cela signifie que la quantité de pores à l'interface eau/air est importante. Cette figure permet de comparer cette imbibition entre deux échantillons différents placés aux mêmes niveaux d'$HR > 70\%$.

Ainsi, cette figure montre clairement que les structures poreuses des deux matériaux ne sont pas identiques, même s'ils ont été soumis à la même préparation pour obtenir les bouchons. On observe qu'il y a une plus grande quantité de pores de rayon plus grand dans l'échantillon SO2 que dans l'échantillon SO1 : en particulier, l'augmentation de la masse à $HR = 98\%$ est d'environ 3% pour le SO2 et seulement 2% pour SO1. En fait, de légers changements dans le temps d'attente avant le compactage (lorsque le matériau en poudre est à 85% HR, avant le compactage) ou dans le processus de compactage lui-même peuvent conduire à de petits changements dans les distributions de rayon des pores. En conséquence, l'augmentation de la masse à chaque étape d'humidité peut différer d'un échantillon à l'autre. Pourtant, avec la masse à *HR* = 70% comme référence, la variation de masse globale est proche de 6% pour les deux échantillons. La cinétique est également très contrastée, mais ce peut être un effet des plaques poreuses d'extrémité qui ont été modifiées d'un échantillon à l'autre (plaques en acier poreux pour SO1 et plaques en plastique perforé pour SO2). L'utilisation de plaques en plastique perforé (trous de 5mm de diamètre) permet des transferts d'humidité plus rapides à l'intérieur de l'échantillon.

III.2 Essai de rétention dans des conditions libres

III.2.1 Essai de rétention dans des conditions libres et juste après compactage

(a) Variation de masse sous différentes *HR*

La Figure III.4 montre l'évolution de la masse absolue des échantillons SF1 et SF2 en fonction du temps. On peut voir que la masse de l'échantillon SF1 n'est pas stabilisée, après 47 jours de gonflement dans la cloche hermétique avec *HR* 98%. Par contre, ce temps d'équilibre est obtenu pour l'échantillon SF2 à environ 84 jours. L'augmentation de la masse absolue de l'échantillon SF1 est systématiquement plus faible que pour l'échantillon SF2, et elle s'amplifie surtout à 92% d'*HR*. Ce phénomène peut être attribué à la différence de masse initiale des deux échantillons: 46,74 g pour SF1 contre 72,03 g pour SF2. Ces différences s'estompent nettement en valeur relative, voir Figures III.5.

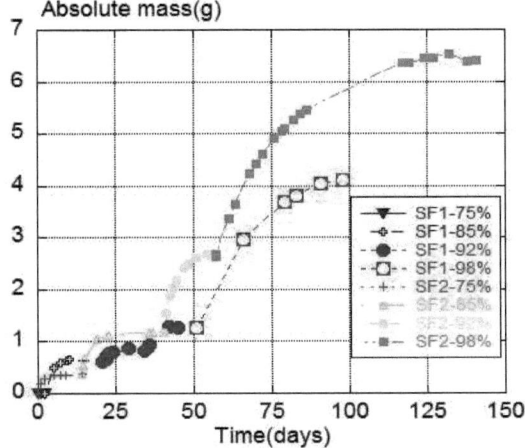

Figure III.4 Comparaisons de la variation de masse absolue pour les échantillons SF1 et SF2.

La Figure III.5 (a) présente l'évolution de la masse relative des deux échantillons (en prenant la masse après compaction comme référence). La première et principale observation est qu'il n'y a pas de différence significative en terme d'augmentation de masse relative. Par exemple, l'augmentation de la masse à *HR* = 98% est d'environ 8,8% pour SF1 et 8,9% pour SF2. En rappelant que SF1 a une hauteur qui représente la moitié de celle de SF2, cela signifie que l'effet d'échelle est absent quant à la capacité d'absorption d'eau du mélange de bentonite-sable. Ce point est très important mais devrait être prolongé sur des échantillons encore plus grands pour statuer sur le cas *in situ*. En revanche, cela sera au prix de temps d'attente considérables. Par exemple, le temps nécessaire pour l'équilibre à $HR = 75\%$, $HR = 85\%$, $HR = 92\%$ et $HR = 98\%$ est respectivement de 2 jours, 19 jours, 30 jours et 47 jours pour SF1 et 12 jours, 23 jours, 16 jours et 83 jours pour SF2 (bien que le point stabilisé après 16 jours à 92% puisse être un artefact).

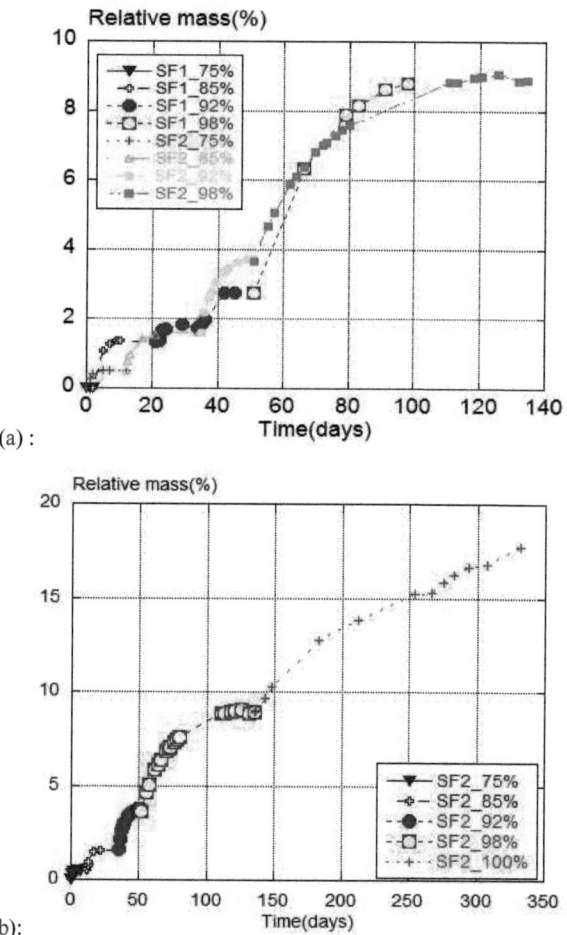

Figure III.5 En prenant la masse initiale après compaction comme référence : (a) Comparaison de la variation de la masse relative pour les échantillons SF1et SF2 : HR 75%~98%; (b) Variation de masse relative pour l'échantillon SF2 seul : HR 75%~100%.

Après stabilisation à $HR=98\%$, l'échantillon SF2 a pu être mis sous cloche hermétique à $HR = 100\%$ (dans le cadre d'une étude préliminaire à l'essai sur SF2, il a été choisi de terminer l'essai SF1 à 98% *HR*). Il est étonnant de voir que la variation de masse de SF2 n'est pas stable à *HR*=100% même après 200 jours de gonflement, voir Figure III.5 (b). De plus, on a 17,69% d'augmentation de la masse mesurée au 331ème jour, ce qui est le double de l'augmentation de masse à *HR* = 98% (8,9%). Cet essai est encore en cours actuellement et ne présente aucun signe de stabilisation. La prise d'eau se poursuit visiblement, examinons maintenant l'évolution du volume de cet échantillon au cours de son imbibition en conditions de déplacement libre.

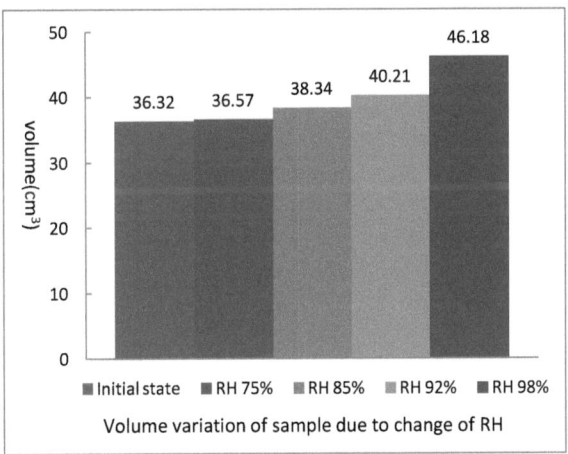

Figure III.6 Variation absolue de volume de l'échantillon SF2.

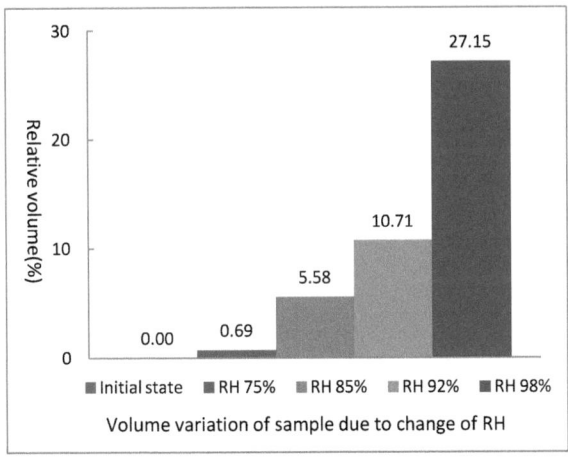

Figure III.7 Variation relative de volume de l'échantillon SF2 à partir de l'état de compaction initiale.

(b) Variations de volume sous différentes *HR*

Les Figure III.6 et Figure III.7 donnent les mesures de variation absolue et relative du volume de l'échantillon SF2 lors de la campagne expérimentale (mesures non effectuées lors de l'étude préliminaire menée sur SF1). Des variations significatives de volume sont mesurées entre l'état initial et la stabilisation de la masse à une *HR* donnée au-delà de 75%. Le volume augmente d'environ 27,15% à *HR* = 98% alors que cette valeur n'est que de 0,69% à *HR* = 75%, 5,58% à *HR* = 85% et 10,71% à *HR* = 92%. Cela signifie que le mélange de bentonite/sable a une bonne capacité de gonflement, et qu'elle est d'autant meilleure que l'humidité relative est plus élevée. Ceci est favorable à la bonne efficacité de l'étanchéité des tunnel par la bentonite/sable compactée. Plus de résultats sur l'évolution du volume des bouchons de bentonite /sable à différentes *HR* seront présentés dans le prochain chapitre, qui y couple la perméabilité effective au gaz.

III.2.2 Essai de rétention dans des conditions libres (après essai de perméabilité au gaz)

Ce test diffère du précédent pour 2 raisons. La première est qu'au lieu de suivre le même échantillon à des humidités progressivement croissantes, on utilise 4 échantillons différents (un par humidité). La deuxième raison est que, pour les besoins de l'étude qui sera présentée dans le prochain chapitre, les échantillons ont été confinés en cellule à 5MPa pour mesurer leur perméabilité : ils n'ont donc pas exactement le même état initial que les échantillons précédents. On verra (au chapitre 4 suivant) que les variations relatives de volume de ces échantillons après l'essai de perméabilité au gaz sont toutes négatives (compaction) et de l'ordre de 1,5%, et leurs variations de masse relatives à l'état de compaction initial sont également très limitées, de moins de 1%, voir également (Liu et al., 2013). Il est conclu que l'essai de perméabilité pratiqué n'a que très peu modifié l'état de saturation et de compaction des échantillons de SF3.

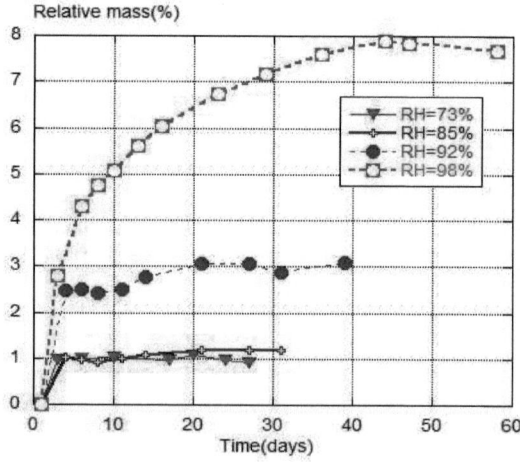

Figure III.8 Variation de masse relative des échantillons SF3 mis à *HR* donnée après essai de perméabilité au gaz jusqu'à un confinement $P_{c\ maxi}$=5MPa.

(a) Variations de masse à différentes *HR*

La Figure III.8 montre l'évolution de la masse relative de chacun des 4 échantillons de la série SF3, placés à *HR* donnée après un après essai de perméabilité au gaz jusqu'à un confinement $P_{c\ maxi}$=5MPa. On constate que les humidités relatives *HR*=73% (valeur réelle mesurée, très proche de la valeur théorique de 75%), ou *HR*=85%, ont peu d'effet sur la variation de masse de l'échantillon : elles ne contribuent qu'à 0,92% de l'augmentation de la masse à *HR* = 73%, et 1,18% à *HR* = 85%. Par ailleurs, ces valeurs sont similaires aux valeurs mesurées pour SF2 qui n'a pas subi d'essai de perméabilité en cellule : pour SF2, la variation relative de masse (par rapport à l'état compacté initial) est de 0, 51% à *HR* = 75% et 1,62% à *HR* = 85%.

À *HR* = 92%, la stabilisation en masse de l'échantillon de la série SF3 demande un peu plus de temps, avec 20 ~ 30 jours d'attente, comme pour SF2, voir Figure III.5 (a). Par contre, une quantité significativement plus grande d'eau est absorbée par l'échantillon de SF3 à *HR* = 92% par rapport à *HR*=75 ou 85% : elle est de 3,03%, à comparer à 0,92% (*HR* = 75%), ou 1,18% (*HR* = 85%). Cette valeur est un peu plus petite que la valeur correspondante de l'échantillon SF2 (3,73%) à *HR* = 92%. Le dernier échantillon de la série SF3 est placé à *HR* = 98% et on retrouve des similitudes avec les tests précédents, à la fois dans les conditions oedométriques et dans les conditions libres. Il faut plus de temps est pour la stabilisation de la masse (40 ~ 50 jours) et davantage d'eau est absorbée par l'échantillon (7,9%). On constate que le changement de masse (7,9%) à *HR*=98% pour SF3 est plus petit que les valeurs correspondantes des échantillons SF1 (8,79%) et SF2 (8,9%). Cela peut signifier que, bien que les variations globales de masse et de volume aient été faibles, le cycle de chargement et déchargement lors des essais de perméabilité au gaz a conduit à l'effondrement de certains pores et provoqué la diminution de la porosité, ce qui peut être reflété par une absorption d'eau moins élevée.

(b) Variations de volume sous différentes *HR*

La Figure III.9 fournit les mesures de changement de volume des échantillons SF3 lors de la campagne expérimentale. Un phénomène similaire, déjà détecté pour l'échantillon SF2 testé à des *HR* progressivement plus élevées, est retrouvé: l'augmentation de volume de l'échantillon est fortement corrélée à l'humidité environnante. Pour la série SF3, l'augmentation du volume à *HR* = 98% est d'environ 3 fois celle mesurée à *HR*=92%, 7 fois celle mesurée à *HR*=85% et 11 fois celle obtenue à 75%.

Lorsque l'on compare avec l'échantillon SF2, on constate que l'augmentation du volume de l'échantillon SF3 est toujours inférieure à Δ*V* de l'échantillon SF2, bien qu'il y ait une exception à *HR* = 75%. Cette différence entre les deux types d'échantillons est de plus en plus marquée avec l'augmentation de l'humidité relative : elle représente un Δ*V* de 2,14% à *HR* = 85%, 3,15% à *HR* = 92% et 4,69% à *HR* = 98%. Comme explicité précédemment, cette différence peut être attribuée au chargement et au déchargement au cours des essais de perméabilité au gaz qui provoque l'effondrement de certains pores de l'échantillon. Un autre test pour mesurer la variation de porosité de l'échantillon sous différentes pressions de confinement sera présenté dans le prochain chapitre. Il permet de mieux cerner ce phénomène.

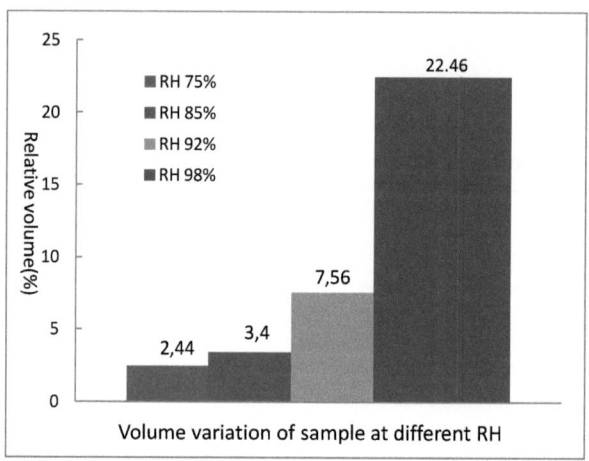

Figure III.9 Variation du volume relatif des échantillons SF3: $\Delta V_{relative} = (\Delta V_{HR} - \Delta V_{initial}) / \Delta V_{initial}$.

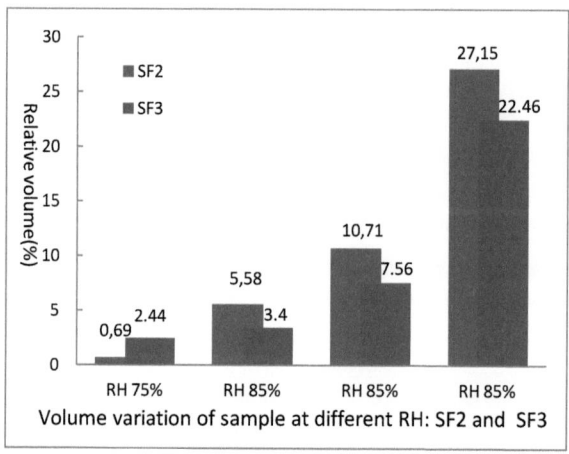

Figure III.10 Comparaison de la variation du volume relatif pour l'échantillon SF2 et ceux de la série SF3.

Remarque : pour être réellement objectif, la différence entre les deux séries de tests ne réside pas seulement dans le compactage supplémentaire subi par la deuxième série. Il n'est en effet pas certain qu'un processus de gonflement qui suit $HR = 75\%$ puis 85, 92 et 98% soit équivalent d'un point de vue du gain de masse et de la variation de volume à la situation où le matériau est directement mis à 98%.

III.3 Comparaison des essais de rétention d'eau : conditions libres et conditions oedométriques, juste après compactage

Les différents gain d'eau en fonction du temps sont présentés à la Figure III.11, à la fois en conditions oedométriques (SO1 et SO2) et en conditions libres (SF1 et SF2). Les deux types d'échantillons sont testés après le compactage. La principale observation est qu'il n'y a pas de différences significatives entre les deux conditions de déplacement aux humidités relatives les plus basses, jusqu'à HR=85%. En revanche, aux hautes humidités, cette différence devient de plus en marquée à la fois en terme de cinétique de prise d'eau et en terme de quantité d'eau absorbée, voir Figure III.11 et Tableau. III.2. On constate qu'à haute HR, la cinétique de prise d'eau est plus rapide en conditions libres qu'en conditions oedométriques, et que les quantités d'eau absorbées sont significativement plus importantes en conditions libres. Les conditions aux limites ont peu d'effet sur la prise de masse de l'échantillon lorsque l'humidité relative est inférieure à 85%, mais ce n'est plus le cas à HR = 98%.

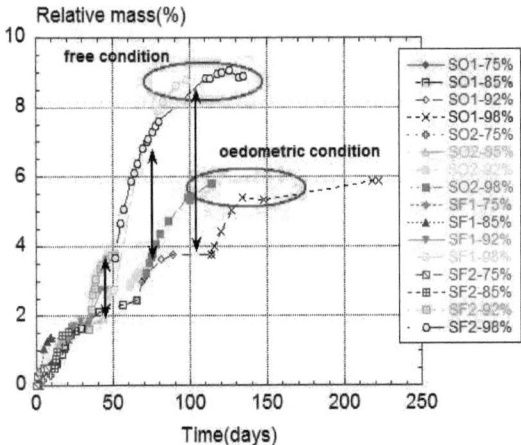

Figure III.11 Comparaison des essais de rétention d'eau dans des conditions libres et des conditions oedométriques: variation de la masse relative des échantillons (SO1, SO2) placés en conditions oedométriques, et (SF1, SF2) placés en conditions libres.

Le cas de HR=100% est relativement spécifique. On peut clairement admettre que la prise de masse est complètement couplée à l'augmentation de volume et trouver confirmation que la stabilisation de masse sera très difficile à atteindre à HR=100%. En effet, tant que l'échantillon gonfle, il s'imbibe d'eau, ce qui le fait gonfler un peu plus, sans que ce processus aie a priori de raison de s'arrêter en conditions de déplacement libre. Par contre, en limitant significativement l'augmentation de volume, les conditions oedométriques permettent de gagner moins d'eau qu'en conditions libres. Ce sera l'un des aspects clefs du prochain chapitre. On peut en voir une représentation à la Figure III.12, issue de (Komine, 2004).

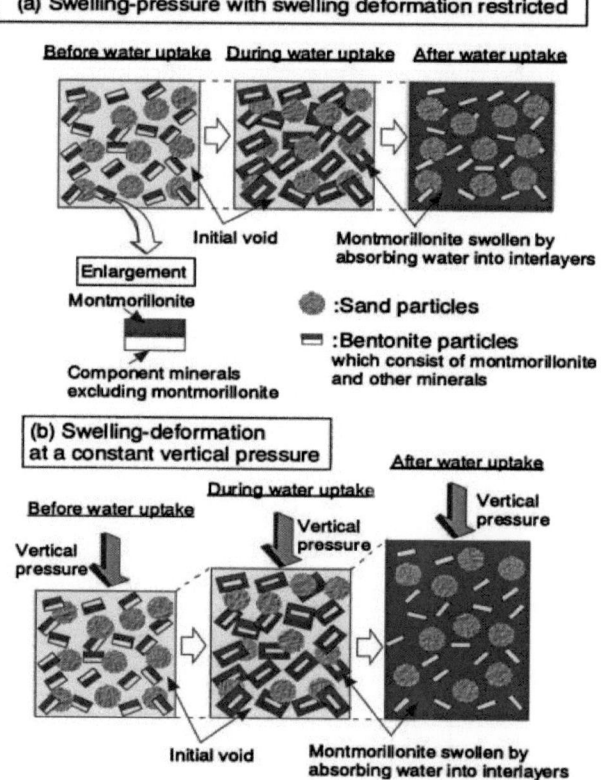

Figure III.12 Représentation du processus de gonflement de la bentonite à différentes conditions aux limites : (a) en conditions isochores et (b) à déplacement vertical autorisé (Komine, 2004).

Tableau III.2 Augmentation de la masse relative de l'échantillon à différentes HR et à différentes conditions aux limites

No	SO1	SO2	SF1	SF2	minimum	maximum
HR	%	%	%	%	%	%
75%	0,63	0,52	0,00	0,51	0,01	0,63
85%	2,44	1,92	1,33	1,62	0,30	1,11
92%	3,74	3,22	2,74	3,73	0,01	1,00
98%	5,88	5,80	8,79	8,90	2,91	3,10

III.4 Conclusion

Dans ce chapitre, les tests de rétention d'eau sont effectués à la fois en conditions oedométriques et en conditions libres (après compactage ou après essai de perméabilité au gaz jusqu'à $P_{c\ maxi}$=5MPa). Les résultats montrent qu'à une *HR* de plus de 85% (quand les agrégats individuels de la bentonite sont complètement saturés), les conditions aux limites ont un effet sur la cinétique de gonflement de l'échantillon. Plus précisément, à *HR*>85%, la vitesse de gonflement de l'échantillon en conditions libres est plus rapide que l'échantillon qui gonfle en conditions oedométriques. Par ailleurs, à *HR*>85% également, davantage d'eau est absorbée en conditions libres : par exemple, l'augmentation de masse est de 8,8% pour SF2 (conditions libres) et seulement 5,88% pour SO1 (oedométriques). Aux humidités les plus élevées (98% et au-delà), et en conditions de déplacement libre, l'augmentation du volume (par rapport à l'état de compaction de référence) est très importante : par exemple, à *HR* = 98%, elle représente 22,46% pour SF3, et 27,15% pour SF2, ce qui valide les excellentes capacités de gonflement du mélange de bentonite-sable testé. Enfin, malgré une très faible variation de la teneur en eau et du volume (de l'ordre de 1%), le cycle de chargement - déchargement en pression hydrostatique dû à l'essai de perméabilité au gaz a une influence sur la microstructure des pores de l'échantillon, puisque l'imbibition d'eau à haute *HR* provoque une plus faible variation de masse et de volume pour les échantillons préalablement testés en perméabilité au gaz. Ceci est interprété comme l'effondrement de certains méso- ou macro-pores, jusqu'à affecter les propriétés de gonflement et de rétention d'eau des bouchons.

Pour la détermination de la courbe de rétention (*HR*, S_w), on a vu que les échantillons ne sont pas tous stabilisés à *HR* =100%, leur masse saturée n'est donc pas connue. La masse sèche devant être mesurée après la saturation complète, nous n'en disposons pas non plus à ce jour pour le calcul de S_w. On trouvera les quelques résultats disponibles pour SF3 en Annexe A, pour *HR* > 70%.

Chapitre IV - Etanchéité d'un bouchon de bentonite-sable compacté et partiellement saturé sous l'effet d'un confinement

Sommaire

Chapitre IV - Etanchéité d'un bouchon de bentonite-sable compacté et partiellement saturé sous l'effet d'un confinement 82

IV.1 Perméabilité au gaz en conditions partiellement saturées : première série d'essais 83

    IV.1.1 Variations de masse et de volume 84

    IV.1.2 Perméabilité au gaz à l'état partiellement saturé en eau 85

IV.2 Perméabilité au gaz dans les conditions partiellement saturées : deuxième série d'essais 88

    IV.2.1 Variations de masse et de volume 88

    IV.2.2 Perméabilité au gaz initiale 92

    IV.2.3 Effets couplés de la saturation et de la pression de confinement sur la perméabilité au gaz 94

    IV.2.4 Comparaison des différents échantillons de la série S2 98

    IV.2.5 Perméabilité sèche 99

IV.3 Perméabilité au gaz dans des conditions partiellement saturées : troisième série d'essais 100

    IV.3.1 Variations de masse et volume 100

    IV.3.2 Perméabilité effective au gaz en conditions partiellement saturées 102

    IV.3.3 Perméabilité à l'état sec 105

IV.4 Influence de la pression de confinement sur la porosité 105

IV.5 Conclusion 107

Introduction

Ce chapitre vise à déterminer si la partie centrale de la barrière de bentonite-sable, lorsqu'elle est seulement partiellement saturée en eau et confinée par la pression de gonflement des bouchons périphériques complètement saturés (jusqu'à P_{gonfl} = 7,5MPa environ, voir Chapitre 5), est perméable au gaz ou pas. Nous tâchons également de déterminer, pour le matériau partiellement saturé et fortement confiné, s'il subit une coupure hydraulique : cela correspond à une perméabilité au gaz mesurée de 10^{-20}m^2 ou moins, voir (Liu et al., 2013) et signifie que le gaz ne passe plus de façon notable.

Notre campagne expérimentale consiste en trois séries de tests : la première série S1 fournit des données préliminaires, alors que les séries suivantes (S3 et S2) visent à confirmer de nos premières interprétations par des mesures plus étendues, voir Figure IV.1. Sauf pour la série S2 qui subit un essai de perméabilité au gaz (jusqu'à P_{cmaxi} = 5MPa) juste après compactage, l'état initial de toutes nos essais (séries S1 et S3) est pris après le compactage des bouchons de bentonite-sable à densité sèche et teneur en eau fixes (1,77Mg/m^3 et 15,2% respectivement), comme précisé au Chapitre II. Suite à leur compaction, les échantillons sont placés en dessiccateur à *HR* donnée, en conditions de déplacement libre, avant d'être testés en cellule hydrostatique pour mesurer leur perméabilité au gaz. Par la suite, ils sont saturés en eau jusqu'à stabilisation, puis séchés en étuve à 65°C jusqu'à stabilisation, afin de déterminer leurs masses saturée et sèche. Seul l'échantillon S4 est séché en étuve à 65°C jusqu'à stabilisation de sa masse et testé seulement pour évaluer la variation de son volume poreux sous charge.

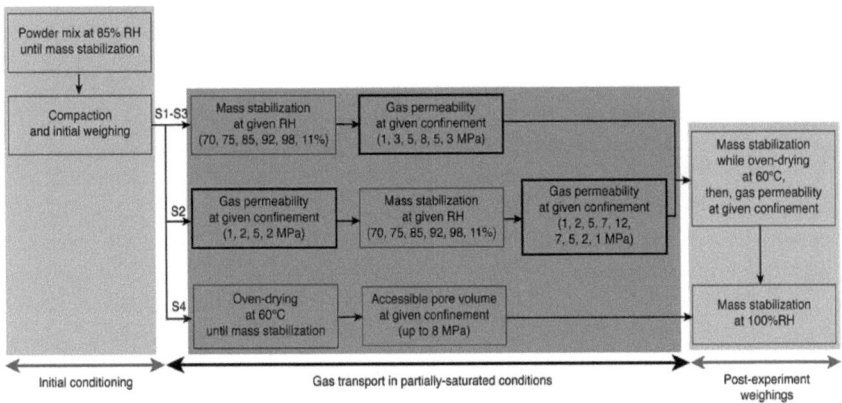

Figure IV.1 Procédure expérimentale suivie pour les trois séries d'essais S1, S2, S3 et S4.

IV.1 Perméabilité au gaz en conditions partiellement saturées : première série d'essais

L'idée principale de cette première campagne expérimentale a été de supposer que le confinement élevé de la bentonite-sable, pouvait induire une coupure hydraulique au gaz, et ce, malgré une saturation incomplète. Ce sont les expérimentations *in situ*, menées à Bure, qui nous ont conduits vers cette démarche. De là, à partir de l'état initial issu du compactage, nous avons saturé progressivement le matériau, nous l'avons confiné et nous avons mesuré sa perméabilité au gaz jusqu'à observer la coupure hydraulique (K_g=10^{-20}m^2 ou moins).

De façon préliminaire, un seul échantillon S1-0 est testé en perméabilité juste après le compactage. Quatre échantillons supplémentaires (S1-1, S1-2, S1-3, S1-4) sont mis dans des dessiccateurs différents, chacun à une humidité relative fixe: *HR*=70, 75, 85 ou 92%, voir Tableau IV.1. Après stabilisation de leur masse, chaque échantillon est placé dans une cellule triaxiale (hydrostatique) afin d'évaluer sa perméabilité effective au gaz. Cette perméabilité effective au gaz est mesurée en utilisant une méthode d'écoulement quasi-stationnaire, dont le principe est détaillé dans Chapitre II.3. La pression moyenne du gaz de l'écoulement quasi-stationnaire est de 0,4 à 0,5 MPa, tandis que le confinement varie entre 1,2 et 7,8MPa.

IV.1.1 Variations de masse et de volume

Le Tableau IV.1 indique les résultats obtenus en termes de variation de masse et de volume. Les observations dimensionnelles sont, à ce stade, qualitatives car n'étant pas au départ l'objectif de l'étude.

Tableau IV.1 Première série d'essais - variation de masse et observations dimensionnelles.

Echantillon	HR	$m_{initial}$ (g)	HR (%)	m_{HR} (g)	$m_{variation}$ (%)	$m_{sèche}$ (g)	w(%)	Observations
S1-0	-	54,70	-	-	-	47,48	15,2	non – Perméabilité au gaz seulement
S1-1	70	54,66	70	54,24	-0,77	47,45	14,31	Retrait et perte d'eau importante
S1-2	75	54,65	75	54,53	-0,22	47,44	14,95	Retrait et légère perte d'eau
S1-3	85	54,52	85	54,86	0,62	47,33	15,92	gonflement et gain d'eau
S1-4	92	54,67	92	56,17	2,74	47,46	18,36	gonflement important et gain d'eau

N.B. : dans ce tableau, $m_{initial}$: masse initiale; m_{HR} : masse stabilisée à une *HR* donnée ; $m_{variation}$: variation de masse relative (% de la masse initiale).

Comme on le voit dans le Tableau IV.1, le niveau d'humidité relative pour lequel le plug ne gagne ni ne perd de masse (on parle d'équilibre) se situe entre *HR* = 75 et 85%. Les variations de masse relative à la masse après compactage (notée *%masse rel.* par la suite) sont négatives pour les échantillons S1-1 et S1-2, et positives pour les échantillons S1-3 et S1-4, de telle sorte que : *%mass rel.(S1-4, HR=92%) > %mass rel.(S1-3, HR=85%) > %mass rel.(S1-0, état initial) > %mass rel.(S1-2, HR=75%) > %mass rel.(S1-1, HR =70%)*.

Il est rappelé ici que la teneur en eau gravimétrique *w(%)* est définie et exprimée en pourcentage de la masse sèche, par la relation suivante :

$$w(\%) = \frac{m_{éch} - m_{sec}}{m_{sec}} * 100 \tag{IV.1}$$

où $m_{éch}$ est la masse de l'échantillon dans l'état considéré, m_{sec} est la masse sèche de l'échantillon mesurée à stabilisation de la masse à 65°C, de sorte que ($m_{éch}$ - m_{sec}) est la masse d'eau contenue dans l'échantillon. Nous avons choisi l'état sec de référence à 65°C plutôt que l'état sec à 100°C ou 105°C pour limiter le retrait (déjà important à 65°C) des échantillons. Comme tous nos échantillons ont subi le même séchage, nous sommes en mesure de les comparer par rapport à un même état sec de référence. Pour les échantillons de la série 1, en bonne cohérence avec la variation relative de masse, on a w(S1-4)> w(S1-3)> w(S1-0)> w(S1-2)> w(S1-1).

Nota : Pour la série S1, aucune masse complètement saturée n'a été mesurée, aussi seule la teneur en eau w(%) a pu être calculée (pas le degré de saturation en eau S_w, qui nécessite la mesure de la masse saturée), voir Tableau IV.1. Ce ne sera pas le cas des séries suivantes S2 et S3.

IV.1.2 Perméabilité au gaz à l'état partiellement saturé en eau

Les résultats de perméabilité au gaz après stabilisation de masse à HR donné sont présentés à la Figure IV.2, pour des confinements allant de 1,2 et jusqu'à 7,8MPa.

Si l'on suppose qu'à un confinement donné, la teneur en eau est le paramètre principal qui pilote le transport de gaz, comme pour les matériaux cohésifs non gonflants (roches, bétons), voir notamment (Chen et al, 2012), les résultats ne correspondent pas à ce qui est attendu : on n'observe pas d'effet systématique dû aux seuls changements de la teneur en eau (w(S1-4)> w(S1-3)> w(S1-0)> w(S1-2)> w(S1-1)).

Ainsi, on a w(S1-0)> w(S1-2)> w(S1-1) : les échantillons S1-1 et S1-2 ont une teneur en eau plus faible que S1-0. Si l'on suppose (en première approche) que les bouchons de bentonite-sable se comportent comme des matériaux cohésifs, non gonflants (tels que les roches, le béton), on s'attend à ce que la perméabilité au gaz K_g de S1-1 et S1-2 soit supérieure à celle de l'échantillon S1-0. On observe pourtant (quel que soit Pc) que $K_g(S1-1)$> $K_g(S1-0)$> $K_g(S1-2)$. De même, la perméabilité au gaz de l'échantillon S1-0 devrait être supérieure à celle des échantillons plus saturés S1-3 et S1-4 : ce n'est pas le cas pour S1-3, qui est plus perméable que S1-0. Malgré tout, les résultats attendus sont obtenus pour S1-0, S1-1 et S1-4 avec $K_g(S1-1)$ > $K_g(S1-0)$ > $K_g(S1-4)$. Par contre, $K_g(S1-3)$ > $K_g(S1-0)$ > $K_g(S1-2)$, ce qui semble illogique étant donné leurs teneurs en eau w(S1-3) > w(S1-0) > w(S1-2).

Pour lever ces paradoxes apparents, il faut tenir compte de la grande déformabilité du matériau lors de toutes les phases : gonflement / retrait libres et effet du confinement. Notre interprétation de ces résultats préliminaires est que, à confinement fixe, le gonflement libre du mélange de bentonite-sable (au cours de la saturation en eau) induit à la fois l'augmentation de la masse et un plus grand volume des pores disponibles pour le gaz, de sorte que, dans l'ensemble, la perméabilité au gaz augmente. Symétriquement, le retrait libre induit une perte de masse et un plus petit volume de pores accessibles au gaz, et, par conséquent, une perméabilité au gaz plus faible. Une compétition se produit entre ces effets (gain d'eau vs.

augmentation de volume poreux accessible au gaz, ou alternativement perte d'eau vs. plus petit volume poreux accessible à gaz) ; cela permet d'expliquer les résultats observés. Ce n'est qu'aux très hauts niveaux de teneur en eau que la logique usuelle (aux matériaux cohésifs non gonflants) sera respectée. Cette interprétation a été partiellement validée expérimentalement, par observations en microscopie électronique à balayage environnementale (ESEM) de pure MX80 bentonite par Montes et al. (2005): une augmentation du volume de pores accessibles au gaz est observée au cours du gonflement libre (et une diminution du volume des pores est observée au cours de retrait libre). Une telle interprétation n'est valable qu'en gonflement libre et ne serait pas de mise en conditions oedométriques par exemple, voir Xie et al. (2004) et Alkan et al. (2008).

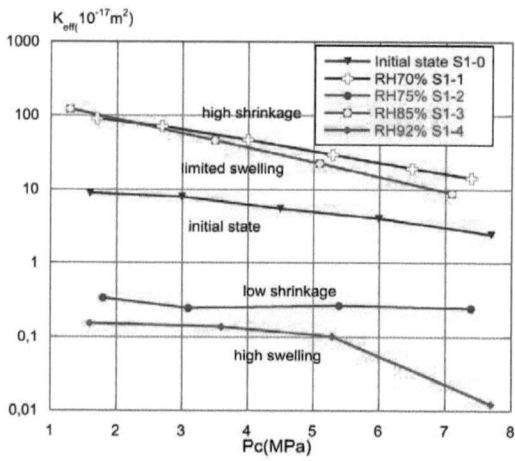

Figure IV.2 Résultats de perméabilité effective au gaz en fonction de la pression de confinement, et à des niveaux de saturation différents – Série S1.

Un troisième effet doit être très logiquement pris en compte : c'est celui du confinement, car il va, pour un matériau aussi déformable que la bentonite-sable en cours de saturation, avoir un impact très sensible sur le volume de l'espace poreux et la re-distribution de la saturation. Toute augmentation de la pression de confinement va inévitablement entraîner une diminution de la perméabilité effective au gaz. Cet effet est observé, comme prévu, pour chaque échantillon testé dans cette série, voir Figure IV.2: K_g est une fonction décroissante monotone de P_c. Cet effet est classique pour les matériaux cohésifs et fragiles (béton, roches) lorsqu'ils sont micro-fissurés ; il est bien évident que ce n'est a priori pas le cas pour la bentonite-sable.

Le cas particulier de l'échantillon S1-4 est révélateur : soumis à une humidité relative de 92%, il va atteindre une teneur en eau élevée. La teneur en eau est ici l'effet prédominant, induisant une perméabilité au gaz K_g plus faible, et ce, malgré un fort gonflement (qui est associé à un plus grand volume de pores accessibles au gaz). On voit que le confinement amplifie encore considérablement cette réduction.

De façon symétrique à l'échantillon S1-4, l'échantillon S1-1 perd une masse d'eau importante, égale à -0,77% de sa masse totale initiale, soit une teneur en eau w=14,31% (au lieu de 15,2%). Malgré son retrait, qui réduit le volume poreux disponible pour l'écoulement de gaz, sa perméabilité est supérieure à celle de S1-0 (état initial) : cela signifie que l'effet de la désaturation est prédominant par rapport à celui du retrait.

A l'inverse, l'effet compétitif est bien visible pour les échantillons S1-2 et S1-3 où les effets de gonflement/rétraction (et la variation du volume de pores associé) deviennent prédominants. L'échantillon S1-2 subit simultanément une diminution de sa teneur en eau (ce qui contribue à une augmentation de sa perméabilité au gaz K_g) et un retrait limité (responsable d'une diminution du volume de pores accessibles à gaz, c'est à dire de K_g), de sorte que, dans l'ensemble, sa perméabilité K_g est inférieure à celle de S1-0. Pour l'échantillon S1-3, bien que l'on observe une augmentation de la teneur en eau (associée à une diminution de K_g), un gonflement limité (associé à une augmentation de K_g) induit un K_g plus élevé que pour S1-0.

Afin de confirmer ces effets antagonistes de manière plus quantitative, des expériences complémentaires ont été effectuées lors de deux séries de tests, S2 et S3.

IV.1.3. Bilan de la première série d'essais

Après la phase de gonflement libre/retrait et quel que soit le confinement appliqué aux bouchons (à partir de 1,5 MPa et au-delà), nos résultats préliminaires montrent que: (1) si la masse de l'échantillon est plus grande qu'à l'état initial, celui-ci a une perméabilité de gaz plus grande, et que : (2) quand la masse d'autres échantillons est plus petite qu'à l'état initial, la perméabilité au gaz est plus faible. Ces phénomènes ne sont pas habituels, du moins pour les matériaux poreux cohésifs, car à un confinement donné, une plus grande masse signifie une saturation en eau plus élevée. Ceci conduit généralement à une perméabilité effective (ou relative) au gaz plus faible, en raison d'un plus petit volume de pores accessibles au gaz (Chen et al., 2012). L'inverse s'applique également (une plus grande perméabilité au gaz est associée à une saturation en eau plus faible (pour les matériaux cohésifs). A l'inverse, la perméabilité au gaz diminue toujours avec le confinement (Davy et al., 2007; Liu et al., 2013).

A ce stade, à confinement donné, deux possibilités sont envisagées. Tout d'abord, la dispersion des propriétés initiales entre les différents échantillons (densité sèche exacte, organisation du réseau poreux, etc.) peut entraîner une variation de K_g d'un échantillon à un autre. Une autre hypothèse, plus probable, est que l'imbibition s'accompagne à la fois d'une augmentation de volume (gonflement) synonyme d'une augmentation de l'espace poreux accessible au gaz, et d'un gain d'eau l'obturant partiellement. A l'inverse, le séchage est associé à une diminution de l'espace poreux (retrait) et à un vidage partiel de celui-ci (perte d'eau). On a donc un effet compétitif entre ces deux phénomènes, qui est essentiellement marqué aux saturations intermédiaires : aux très hautes ou très basses saturations, l'effet de la teneur en eau l'emporte sur celui des variations du volume poreux accessible au gaz.

Les séries d'essai qui suivent doivent permettre de confirmer (ou non) ces observations préliminaires.

IV.2 Perméabilité au gaz dans les conditions partiellement saturées : deuxième série d'essais

Après compactage, les échantillons de cette nouvelle série sont soumis à un essai de perméabilité au gaz jusqu'à 5 MPa de confinement, puis placés à une humidité relative fixe allant de 75% à 98%: pour les échantillons S2-3, S2-4, S2-5 et S2-8 ce sont, respectivement, 98, 92, 85 et 75% d'humidité relative. Les plus bas niveaux d'HR ne sont pas étudiés car l'étude préliminaire (voir le Chapitre IV.1) a montré que les échantillons sèchent à partir de HR = 70%. L'idée de base est de se focaliser sur le processus de saturation et les effets du confinement comme nous l'avons indiqué précédemment. L'échantillon S2-2 a été utilisé dans son l'état initial après compactage pour tester la sensibilité de sa perméabilité au confinement jusqu'à 12MPa.

IV.2.1 Variations de masse et de volume

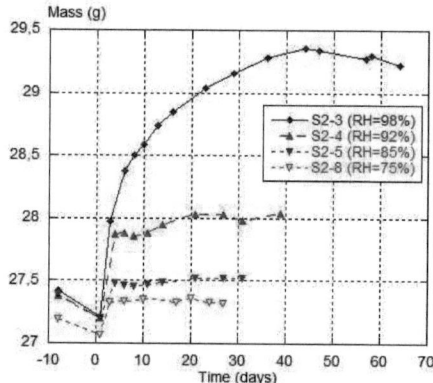

Figure IV.3 Evolution de la masse des échantillons de la série S2 en fonction du temps, lorsque ceux-ci sont placés à humidité contrôlée HR=75, 85, 92 ou 98%.

L'évolution des masses à HR fixe est donnée à la Figure IV.3. Les masses initiales après compactages apparaissent au temps -8 jours et le temps à 1 jour marque la phase de mesure de la perméabilité au gaz initiale. On peut voir qu'il y a eu une légère perte de masse (de l'ordre de 1,5%), due aux manipulations diverses des échantillons entre le compactage et la mesure de la première perméabilité. Le volume des échantillons après l'essai initial de perméabilité jusqu'à P_{cmaxi}=5MPa est systématiquement diminué, mais de moins de 1% par rapport aux valeurs après compaction, voir Figure IV.4.

La Figure IV.3 montre que selon les humidités imposées, il y a des différences considérables dans les temps requis pour obtenir une masse stable (surtout à 98% d'humidité qui marque un net changement). Ces différences sont attribuées à la quantité d'eau absorbée par chaque échantillon mais aussi à la présence d'un gonflement de plus en plus marqué. Le plus long temps de stabilisation de masse est obtenu avec S2-3, qui est placé à 98% d'humidité relative avec un gonflement élevé observé à ce niveau, voir également les Figures IV.4 et IV.5.

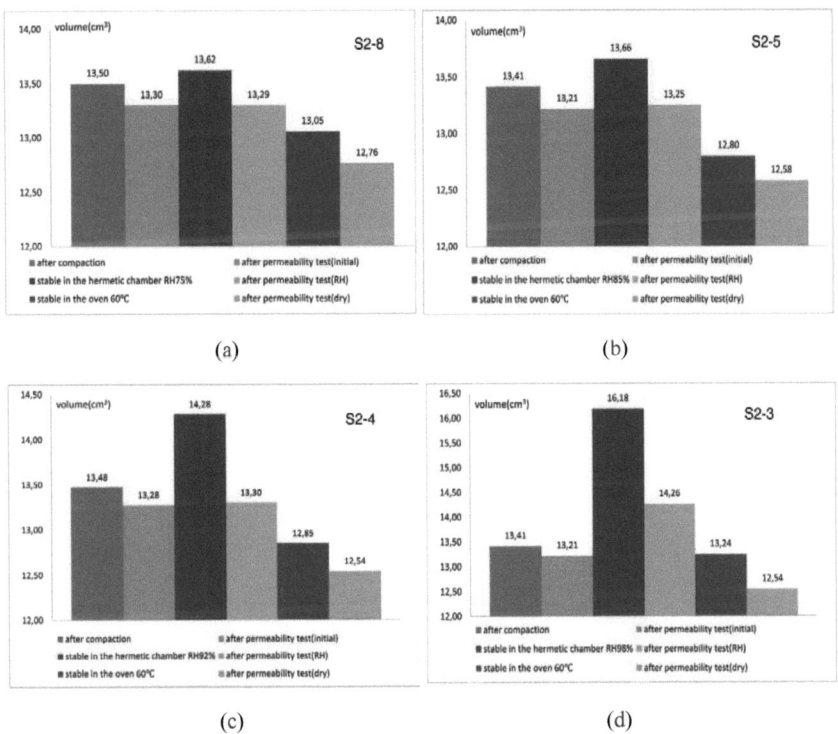

Figure IV.4 Variation du volume des échantillons de la série S2 pendant l'ensemble du processus expérimental : (a) Échantillon S2-8 (75%); (b) Échantillon S2-5 (85%); (c) Échantillon S2-4 (92%); (d) Échantillon S2-3 (98%).

Le Tableau IV.2 indique les principales caractéristiques des échantillons utilisés lors de cette deuxième série d'essais. La Figure IV. 4 fournit toutes les mesures de changement de volume lors de la campagne expérimentale. Des variations significatives de masse et de volume sont mesurées entre l'état compacté initial et soit après la stabilisation de masse sous une HR fixe, soit après séchage à 60 °C. En effet, sauf pour S2-8, qui perd de la masse à HR=75%, le gonflement observé au cours de l'imbibition d'eau est significatif. Par exemple, pour S2-3, la variation de volume à la stabilisation de masse à HR = 98% représente 20,6% de son volume initial (après compactage), voir le Tableau IV.2. Cela signifie que le volume poreux réel est en changement constant au cours du processus de gonflement du matériau (lié à l'imbibition d'eau). C'est aussi le cas à $HR=100\%$, où la masse d'échantillon $m_{saturé}$ reflète la proportion de pores remplis d'eau, c'est à dire la proportion de la porosité effective remplie d'eau. Ces importants changements de volume signifient que le choix d'un volume de référence pour l'évaluation des propriétés physiques (telles que la densité, la porosité et la saturation en eau) exigera des discussions.

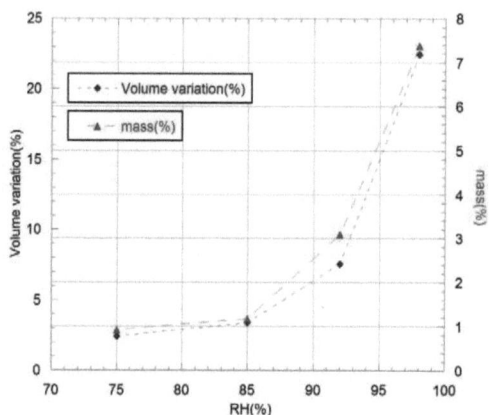

Figure IV.5 Variations de masse et de volume relatifs selon l'humidité relative $HR\%$. Les masses et volumes de référence sont ceux obtenus après la perméabilité initiale (proches de ceux après compactage).

Tableau IV.2 Principales caractéristiques des échantillons des mélanges bentonite-sable de la série 2.

N.	HR	D_{comp} (cm)	H_{comp} (cm)	V_{comp} (cm³)	V_{HR} (cm³)	V_{sec} (cm³)	$(V_{HR}-V_{comp})$ /V_{comp} (%)	m_{comp} (g)	m_{HR} (g)	m_{sec} (g)	$m_{saturé}$ (g)
S2-2		3,70	1,25	13,39	-	-	-	27,17	-	23,84	32,59
S2-3	98%	3,70	1,25	13,41	16,18	13,24	20,65	27,33	29,34	24,24	30,12
S2-4	92%	3,70	1,26	13,48	14,28	12,85	5,97	27,29	28,13	23,96	30,10
S2-5	85%	3,70	1,25	13,41	13,66	12,80	1,86	27,25	27,57	23,88	30,72
S2-8	75%	3,70	1,26	13,50	13,62	13,05	0,91	27,19	27,44	23,99	30,56

Note: D_{comp} est le diamètre d'échantillon après compactage, H_{comp} est la hauteur d'échantillon après compactage, V_{comp} est le volume de l'échantillon après compactage, V_{HR} est le volume de l'échantillon stabilisé sous HR fixe, V_{sec} est le volume de l'échantillon sec, (mesurée avec un pied à coulisse (par D et H). m_{comp} est la masse de l'échantillon après le compactage, m_{sec} est la masse sèche (après stabilisation dans l'étuve à 60-65°C), m_{HR} est la masse stable dans une cloche à une HR fixe, et $m_{saturé}$ est la masse « saturée » (après stabilisation dans une cloche à $HR=100\%$).

D'autres propriétés physiques des échantillons, dérivées des données brutes indiquées dans le Tableau IV.2, sont présentées dans le Tableau IV.3. La densité apparente est calculée après compactage par : $\rho = m_{comp}/V_{comp}$. Elle est comparée à la densité sèche "apparente" $\rho_{sec} = m_{sec}/V$, où V est soit V_{comp} (volume après compactage), ou V_{sec} (volume à l'état sec). On observe que tous les échantillons présentent une bonne homogénéité en termes de densité apparente ou sèche. Les valeurs de densité sèche sont moins dispersées lorsqu'elles sont calculées avec V_{comp} plutôt qu'avec V_{sec} sensible à l'histoire du matériau (succession d'opération de séchages, imbibition et confinement).

Tableau IV.3 Propriétés physiques des échantillons de séries 3, déduites des donnés brutes indiquées dans le Tableau IV.2.

N.	HR	ρ_{ini} (g/cm³)	ρ_{sec} avec V_{comp} (g/cm³)	ρ_{sec} avec V_{sec} (g/cm³)	Ø(%)	S_w initial, après compactage (%)	S_w avec Eq. IV.2 (%)	S_w avec V_{HR} (%)	S_w avec V_{sec} (%)	S_w avec V_{comp} (%)
S2-2		2,03	1,78	-	65,35	38,06	-	-	-	-
S2-3	98%	2,04	1,81	1,83	43,84	52,55	86,73	71,89	87,86	86,73
S2-4	92%	2,03	1,78	1,86	45,56	54,23	67,92	64,09	71,22	67,92
S2-5	85%	2,03	1,78	1,87	51,00	49,27	53,95	52,96	56,52	53,95
S2-8	75%	2,03	1,78	1,84	48,68	52,81	52,51	48,70	54,31	52,51

Note: ρ_{ini} est la densité de l'échantillon initial, ρ_{sec} est la densité de l'échantillon sec.

Le calcul de la saturation en eau S_w et de la porosité ϕ mérite une discussion. S_w est évaluée par rapport au volume V de l'échantillon par :

$$S_w = (m_{HR} - m_{sec})/(\rho_{eau} \phi V) \qquad (IV.2)$$

où ϕ est la porosité de l'échantillon, donnée par :

$$\phi = (m_{saturé} - m_{sec})/(\rho_{eau} V) \qquad (IV.3)$$

Dans le Tableau IV.2, le volume après compactage V_{comp} (le volume initial) est choisi comme le volume V de référence pour calculer Ø. Par conséquent, Ø représente une porosité «artificielle» plutôt qu'une réelle, car d'importantes variations de volume ont lieu depuis l'état sec jusqu'à l'état complètement saturé en eau, voir Tableau IV.3. Sauf pour l'échantillon S2-2, qui est significativement plus poreux et moins saturés que les autres échantillons de la série, les valeurs de la porosité sont de l'ordre de 47% ± 3,7 montrant avec ce calcul une dispersion qu'on peut admettre comme étant modérée pour ce type de matériau. Si on revient au cas de l'échantillon S2-2 dont la porosité et la saturation initiale peuvent surprendre, on peut remarquer que, contrairement aux autres échantillons, celui-ci a « échappé » à plusieurs opérations d'imbibition et de confinement. Ceci impacte manifestement la valeur de la masse saturée qui est à l'origine de ces écarts et qui « fausse » les possibilités de comparaison. On voit bien là toute la difficulté à analyser des propriétés physiques, pourtant élémentaires, pour un tel matériau qui ajoute la dépendance de son histoire aux variations de volumes dans leur calcul.

Par ailleurs, pour S_w, lors que la teneur en eau $w(\%)$ mesure la quantité d'eau dans l'échantillon par rapport à l'état sec comme seule référence, le degré de saturation en eau S_w est calculé par rapport à deux états de référence (l'état sec et l'état complètement saturé), ce qui s'avère plus compliqué pour les matériaux gonflants tels que les bouchons de bentonite-sable. En effet, les volumes sec, saturés ou partiellement saturés sont très différents, le matériau gonflant beaucoup pour parvenir à la saturation complète, ou subissant un retrait (et parfois une fissuration) important pour atteindre l'état sec. De façon similaire, ceci rend assez illusoire une définition objective de la porosité (et donc de S_w), d'autant plus qu'un confinement va encore considérablement la modifier. Dans tout ce qui suit, sauf mention contraire, nous avons choisi comme volume d'échantillon $V_{\acute{e}ch}$ le volume initial après compaction. Dans ce cas la relation (IV.3) devient :

$$S_w = \frac{V_{pores}(rempli\ d'eau)}{V_{pores}(total)} = \frac{m_{\acute{e}ch} - m_{sec}}{m_{satur\acute{e}} - m_{sec}} \qquad (IV.4)$$

où l'on retrouve un calcul direct de la saturation sans passer par la porosité, étape inutile ici. Avec cette méthode de calcul, on trouve que S_w augmente pour tous les échantillons : elle varie de 48,7% (pour S2-8, soumis à 75% HR) et à 86,7% (pour S2-3, soumis à 98% d'humidité relative). Cette valeur de 86,7%, finalement assez basse, laisse penser que le matériau compacté possède une micro-porosité très significative. Toutefois, contrairement à la série S1, ni retrait ni perte de masse ne sont observés à HR = 75% : on a plutôt un gain de masse (de 0,92%) et un léger gonflement (de 13,30cm^3 à 13,62cm^3), qui sont plus importants que la précision de notre méthode de mesure. Ce comportement est attribué à l'effet du premier cycle de confinement (pour la mesure de K_g), qui a légèrement compacté le plug avant qu'il soit soumis à 75% d'humidité relative.

On observe également dans le Tableau IV.3 que la densité sèche ρ_{sec} est légèrement plus élevée (de 0,01 à 0,04 g/cm^3) que celle visée, qui est de 1,77 g/cm^3. En effet, il est difficile d'obtenir la teneur en eau optimale pour le mélange de bentonite-sable avant son compactage. Néanmoins, ce n'est pas un problème réel, relativement aux phénomènes et aux propriétés à l'étude ici.

IV.2.2 Perméabilité au gaz initiale

Les résultats de perméabilité au gaz après compactage sont présentés à la Figure IV.6. Sauf pour S2-2, qui n'a été testé que dans l'état initial, la pression de confinement a été limitée à 5MPa pour les autres échantillons de la série (S2-3, S2-4, S2-5 et S2-8). Ceci vise à limiter les changements de microstructure avant la stabilisation de masse à une HR fixe et l'évaluation de K_g à saturation donnée.

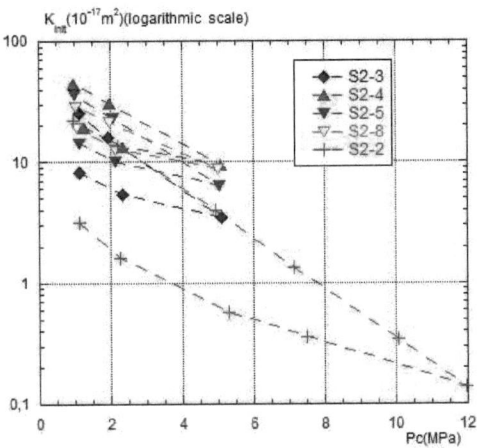

Figure IV.6 Perméabilité initiale des échantillons de la série S2 en fonction de la pression de confinement.

Tableau IV.4 Valeurs de la perméabilité au gaz au départ, au la pression maximum de confinement, et à la fin d'un cycle de confinement, pour des échantillons de la série S2 après compactage (avant d'être soumis à une humidité relative fixe ou séchage à l'étuve).

Échantillon	S2-3	S2-4	S2-5	S2-8	S2-2
K_g (10^{-17} m^2) à P_c=1MPa (début du cycle de confinement)	25,3	44,40	36,30	28,30	22,20
K_g (10^{-17} m^2) à P_c=5MPa (maximum du cycle de confinement)	3,48	9,32	6,38	8,70	4,03 (0,14 à P_c=12MPa)
K_g (10^{-17} m^2) A P_c=1MPa (fin du cycle de confinement)	8,20	19,30	14,20	19,50	3,13

On constate que la dispersion des valeurs de perméabilité au gaz après compactage et à faible confinement (1MPa) est relativement limitée pour ce type de matériau reconstitué (i.e. très sensible à son compactage initial et aux conditions de teneur en eau initiale). Les valeurs d'étalent de 22,2 × 10^{-17} m^2 jusqu'à 44,4 × 10^{-17} m^2. Elles sont comparables à celles la série S1, avec une sensibilité semblable à la pression de confinement - c'est à dire une diminution de la perméabilité d'un facteur de 3 à 7 dans la gamme de la pression de confinement de 0-5MPa. Il est également à noter que, pour l'échantillon S2-2, qui subit le plus grand chargement jusqu'à P_c = 12MPa, la pression de confinement a une influence majeure sur sa perméabilité au gaz : elle chute de deux ordres de grandeur entre P_c =1 MPa et P_c = 12MPa. Ceci est attribué à une sorte d'effondrement des pores, ou à une perte d'accessibilité d'une partie du volume des pores accessibles au gaz sous l'effet du confinement P_c. Tous les échantillons présentent une diminution de K_g attribuable à une fermeture des pores, et ce phénomène est irréversible car aucun échantillon ne recouvre sa perméabilité initiale (avant confinement). Cette irréversibilité, ou hystérésis, dans le comportement de K_g (P_c), est beaucoup plus marquée pour l'échantillon S2-2 que pour S2-3, S2-4, S2-5 et S2-8, en raison d'une plus grande amplitude du confinement, voir Figure IV.6 et Tableau IV.4.

IV.2.3 Effets couplés de la saturation et de la pression de confinement sur la perméabilité au gaz

Après stabilisation de masse à une *HR* fixe, on a procédé à une nouvelle phase de mesure de la perméabilité – les Figures IV.7 à 10 (ci-dessous) donnent la perméabilité effective de chaque échantillon quand le confinement varie jusqu'à 12MPa (courbes en rouge). Ces valeurs sont comparées avec le cycle de perméabilité initiale (en bleu).

(a) Échantillon S2-8 partiellement saturé en eau à 75% *HR*

Les résultats pour l'échantillon S2-8 (soumis à 75% *HR*) correspondent à l'effet de compétition entre gonflement et gain de masse, voir Figure IV.7: alors que l'échantillon a gonflé et pris de masse, le Point 1 à P_c = 1 MPa (à la fin du test de perméabilité initiale) correspond à une perméabilité au gaz plus faible qu'au Point 2 (à P_c = 1MPa mais après stabilisation à 75% *HR*). En effet, bien que S2-8 aie été légèrement saturé à *HR* = 75% (de S_w = 48,7 à S_w = 52,5%), son volume poreux a augmenté suffisamment (par gonflement, de 13.30 à 13.62cm³, soit de 2% seulement) pour que sa perméabilité soit plus élevée qu'à l'état initial. Cependant, cette variation est très élevée car entre les Points 1 et 2, la perméabilité est multipliée par un facteur 5. Ceci sera d'ailleurs une des caractéristiques de cette étude, dans laquelle la perméabilité au gaz peut montrer de très grandes variations d'un état de saturation à un autre pourtant très proche. Par exemple, nous verrons dans la sous-section IV.3.5 que la perméabilité au gaz est de trois ordres de grandeur plus élevée lorsque l'on compare l'état initial et l'état sec. Cela signifie qu'il y a un effet très fort, sur la perméabilité, du séchage de 52,8% à 0%.

La Figure IV.7 montre également qu'il faut confiner jusqu'à 5MPa pour retrouver la valeur de la perméabilité initiale de l'échantillon i.e. annuler ici les effets du gonflement (ou décompactage) qu'on estime prépondérants à ce niveau de saturation intermédiaire. En revanche, le déchargement ne permet jamais de retrouver la perméabilité initiale : l'échantillon s'est (sur) déformé à cause du niveau de confinement atteint de 12MPa. Un effet d'hystérésis fort est donc observé lors du déchargement. Cet hystérésis se produit principalement à partir P_c = 12MPa jusqu'à 5MPa, et s'atténue un peu ensuite. On a néanmoins une variation irréversible de la perméabilité, due à ce second cycle de chargement, qui diminue d'un facteur de 8,4. Notons aussi qu'on perd deux ordres de grandeur de perméabilité entre 1 et 12MPa de confinement, ce qui est considérable pour un échantillon peu saturé et a priori sans fissures. Ceci est attribué à un compactage irréversible de l'échantillon alors la diminution de volume lors du cycle complet (de 13.62 cm^3 à 13.29 cm^3) n'est que de 2,4% seulement.

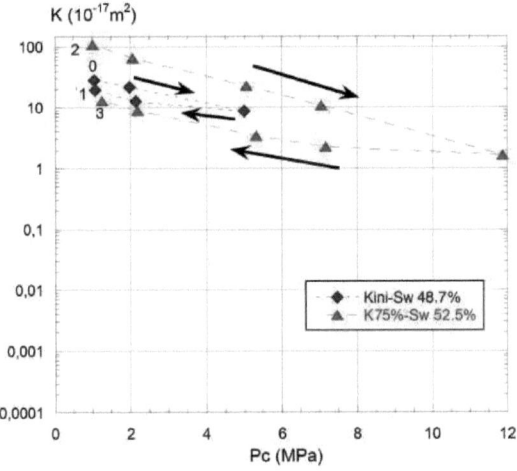

Figure IV.7 Comparaison entre la perméabilité au gaz initiale (en bleu) et la perméabilité au gaz après stabilisation à HR = 75% (en rouge), pour l'échantillon S2-8.

(b) Échantillon S2-5 partiellement saturé en eau à HR = 85%

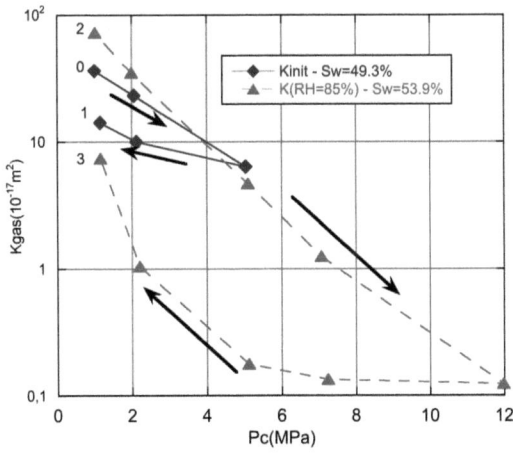

Figure IV.8 Comparaison entre la perméabilité au gaz initiale (en bleu) et la perméabilité au gaz après stabilisation à 85% HR (en rouge), pour l'échantillon S2-5.

Le cas de l'échantillon S2-5 est similaire à celui de S2-8: en dépit d'une augmentation de la saturation (S_w passe de 49,3 à 53,9%), la perméabilité au gaz au point 2 (début du chargement après la stabilisation de masse à 85% d'humidité) est plus élevée que celle au point 1 (à la fin de la 1ère expérience de perméabilité, avant 85% d'humidité relative). Entre les points 1 et 2, en raison du placement de S2-5 à 85% d'humidité relative, une augmentation de près de 5% du volume s'est produite. On est typiquement au cœur de l'effet compétitif décrit auparavant et la perméabilité au gaz plus élevée est attribuée à cette augmentation du volume total i.e. du volume des pores accessibles au gaz.

L'effet de la pression de confinement est plus sensible ici que pour S2-8 : près de trois ordres de grandeur existent entre K_g (P_c = 1 MPa) = 73×10^{-17} m^2 et K_g (P_c = 12MPa) = 0,12 ×10^{-17} m^2, c'est à dire entre le début de l'essai et le confinement maximal atteint. On n'est pas encore dans un état étanche au passage de gaz, mais il est tout à fait spectaculaire, d'autant plus que la saturation en eau de l'échantillon S_w au début de ce test est de 53,9% seulement.

On a de nouveau une forte hystérésis qui s'atténue un peu aux faibles confinements. Au début du déchargement la perméabilité reste quasi constante (le volume de l'échantillon n'est a priori pas modifié significativement), alors qu'à un certain seuil elle ré- augmente : on pourrait penser qu'alors le volume de l'échantillon ré-augmente également. Pourtant, et comme pour S2-8, le changement de volume à l'issue du cycle est faible : 13,66cm^3 (au début de deuxième essai de perméabilité au gaz) à 13,25cm^3 (à l'issue de ce test), soit 3% seulement, voir Figure IV.5. Ceci montre qu'à partir d'une certaine saturation, une faible variation de volume peut entraîner de grandes variations de perméabilité au gaz.

(c) Échantillon S2-4 partiellement saturé en eau à *HR*=92%

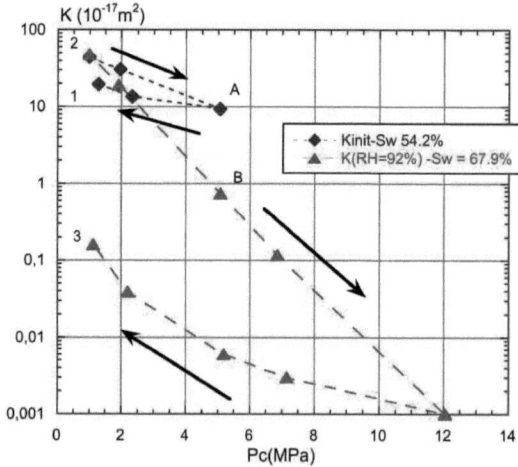

Figure IV.9 Comparaison entre la perméabilité au gaz initiale (en bleu) et la perméabilité au gaz après stabilisation à 92% *HR* (en rouge), pour l'échantillon S2-4.

Comme pour S2-8 et S2-5, la Figure IV.9 montre que, à P_c = 1MPa, une plus grande perméabilité est mesurée au point 2 (à la stabilisation de masse à 92% d'humidité relative) par rapport au point 1 (à la fin de l'essai de perméabilité au gaz initial). Comme la saturation S_w est maintenant de 67,9%, ce fait est à nouveau attribué à une augmentation de volume de l'échantillon, qui est ici de plus de 7,5%, voir Figure IV.5: le volume de l'échantillon est de 13,28cm^3 à la fin de l'essai de perméabilité au gaz initiale et de 14,28 cm^3 à la stabilisation de masse à 92% d'humidité relative. Entre les deux effets concurrentiels, l'effet volumétrique reste plus fort que l'effet de saturation, à pression de confinement faible. Cela confirme notre analyse de la première série d'essais.

Les effets du confinement sont en revanche beaucoup plus marqués pour S2-4. La perméabilité diminue de 5 ordres de grandeur entre 1 et 12MPa et elle atteint alors la valeur de 10^{-20} m^2 : le matériau est alors devenu quasi-parfaitement étanche au gaz. On attribue cette diminution spectaculaire de K_g à la réduction du volume de l'espace poreux avec P_c (d'autant plus élevée que le matériau devient plus déformable avec l'imbibition. Couplé à une saturation plus grande, la réduction du volume (potentiellement accompagnée d'une redistribution de l'eau porale) conduit à la coupure hydraulique du gaz à P_c=12MPa. On a un couplage fort entre les deux aspects : déformabilité et saturation/redistribution de l'eau. Enfin, l'hystérésis de K_g (P_c) est logiquement encore très marquée et plus prononcée que pour S2-5 et S2-8: l'hystérésis est de plus en plus forte avec le niveau de saturation en eau de l'échantillon. Par ailleurs, la déformation volumétrique de l'échantillon n'est pas réversible : après démontage de la cellule triaxiale, le volume est 13,3cm^3, ce qui est inférieur de 6,8% au volume de 14,28cm^3 (avant le second essai de perméabilité). Ceci justifie que, à P_c = 1 MPa, la perméabilité au gaz au point 3 est plus petite de plus de deux ordres de grandeur par rapport à la perméabilité aux Points 1 et 2.

(d) Échantillon S2-3 partiellement saturé en eau à HR=98%
La saturation de l'échantillon est de 86,7% après stabilisation de masse à 98% d'humidité relative, et l'augmentation de volume liée à cette saturation est de 22,4% : le volume de S2-3 augmente de 13,21cm^3 à 16,18cm^3 à 98% HR. L'effet compétitif est encore actif car l'augmentation en saturation en eau et le gonflement se compensent, de telle sorte que les perméabilités aux gaz aux points 1 et 2 soient très proches, voir Figure. 10.
Plus précisément, on constate que l'influence de la pression de confinement est très élevée jusqu'à 5MPa (point A). A ce stade (P_c=5MPa), la perméabilité au gaz est déjà descendue à $7,8\times10^{-20}$ m^2, alors qu'elle était à $1,07\times10^{-16}$ m^2 à P_c = 1MPa : cela signifie que l'échantillon S2-3 est devenu pratiquement imperméable au gaz. En outre, il y a encore une chute de deux ordres de grandeur, entre 5 et 12MPa de confinement (par rapport à celle avant P_c = 5MPa). K_g atteint 10^{-20} m^2 vers P_c=9MPa.

Le fait que l'échantillon S2-3 devienne presque imperméable au gaz à P_c = 5MPa signifie certainement qu'il est proche d'une saturation en eau effective de 100% à ce niveau. Puis, l'augmentation de P_c au-delà de 5MPa ferme certainement les quelques pores encore accessibles au gaz et ahcève la redistribution de la saturation en eau.

En conclusion (partielle), ces résultats montrent que le mélange bentonite-sable compacté et partiellement saturé en eau peut devenir (quasiment) étanche au gaz par l'effet combiné d'une déformation volumique due au confinement (et potentiellement d'une redistribution induite de saturation en eau). Il est possible de trouver *in situ* des situations similaires de confinement (dû au gonflement des bouchons périphériques) et de saturation partielle.

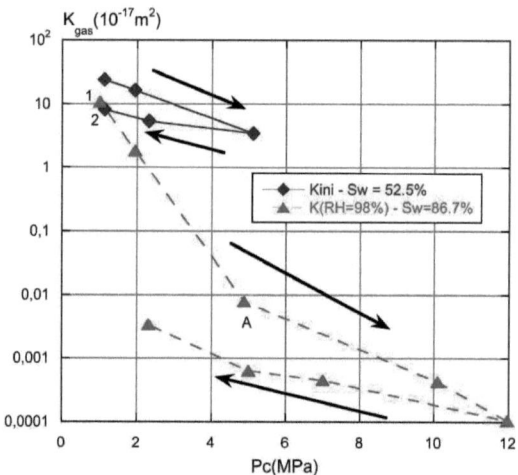

Figure IV.10 Comparaison entre la perméabilité au gaz initiale (en bleu) et la perméabilité au gaz après stabilisation à 98% *HR* (en rouge), pour l'échantillon S2-3.

IV.2.4 Comparaison des différents échantillons de la série S2

La Figure IV.11 compare la perméabilité au gaz en fonction du confinement pour tous les échantillons de la série S2, et permet de mettre très nettement en évidence l'influence couplée de la saturation et de la pression de confinement. Vers les hauts niveaux de saturation (67,9 et 86,7%), on remarque que l'échantillon a un comportement de moins en moins réversible. Nous estimons que la bentonite-sable, proche de la saturation complète, développe une certaine « souplesse » due à un gonflement important qui la rend plus déformable qu'après compactage (à l'issue de cette phase le matériau est beaucoup plus rigide). C'est à cet effet que l'on peut attribuer l'influence croissante du confinement. L'examen de cette figure montre aussi une saturation « de transition » (on la situera autour de 68-87%) au-delà de laquelle le matériau peut devenir presque étanche ($K_g < 10^{-20}$ m^2) au-delà d'une pression P_c de 9-12MPa.

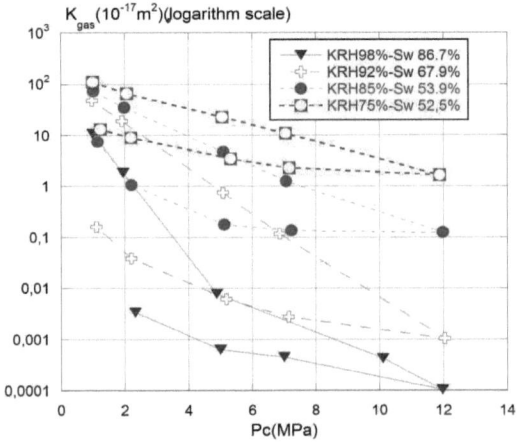

Figure IV.11 Comparaison de la perméabilité au gaz après la stabilisation à une *HR* fixe en fonction de la pression de confinement, pour les échantillons S2-3 (98% *HR*), S2-4 (92% *HR*), S2-5 (85% *HR*) et S2-8 (75% *HR*).

IV.2.5 Perméabilité sèche

La mesure de la perméabilité après obtention de l'état sec est intéressante pour plusieurs raisons : elle va contenir l'histoire du matériau (influence passée de la saturation et du confinement jusqu'à 12MPa) et les effets combinés de la perte d'eau et du retrait induit. Ces valeurs sont données dans la Figure IV.12 ci-dessous.

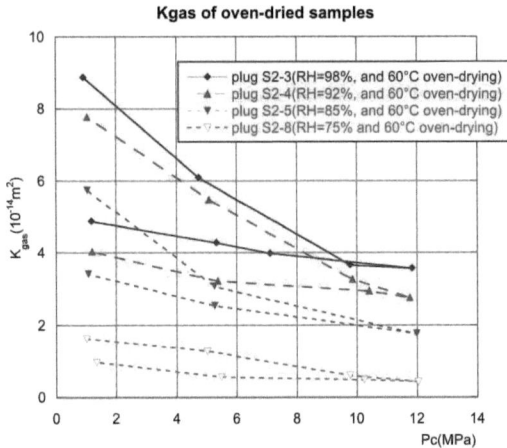

Figure IV.12 Perméabilité au gaz sec en fonction de la pression de confinement pour tous les échantillons de la série S2.

On observe d'abord que la perméabilité sèche des quatre échantillons est de un (à deux) ordres de grandeur supérieure à la valeur initiale après compactage, avec des valeurs à P_c=1MPa variant entre 1,8 et 8,9×10^{-14} m². Ceci est la confirmation que le séchage d'une saturation moyenne de 50% et 0% a une forte influence sur la perméabilité au gaz. Un autre aspect est qu'il semble rester une sorte de mémoire du gonflement antérieur pour les différents échantillons : ceux qui ont le plus gonflé sous humidité ont les plus grandes perméabilités à l'état sec. Nous ne savons pas à ce stade s'il s'agit d'une coïncidence, ou un phénomène réel et donc répétitif : la troisième série d'essais contribuera à clarifier cet aspect.

Par ailleurs, ce sont les échantillons qui ont subi le plus grand gonflement qui sont les plus sensibles à une augmentation du confinement, donc plus déformables. Si ceci est confirmé par les tests de la série S3, cela signifie que la structure et que le transport de gaz des bouchons bentonite-sable sont très sensibles aux cycles de séchage/imbibition successifs, couplés aux cycles de confinement / non-confinement.

IV.3 Perméabilité au gaz dans des conditions partiellement saturées: troisième série d'essais

Une dernière série de tests a été effectuée pour confirmer les principales tendances qui ont été observées au cours des deux premières séries. Cette série n'a pas été soumise à des mesures de perméabilité initiale (et de confinement) avant la saturation sous *HR*. Cela a été décidé afin d'éviter, avant le gonflement, tout sur-compactage des bouchons du bentonite-sable lors du confinement (ce qui est inévitable avec notre méthode d'essai de perméabilité au gaz). Un seul échantillon (S3-9) a été testé après compactage initial, pour obtenir une valeur initiale de K_g de référence: il a par la suite été séché à 11% *HR* puis en étuve à 60-65°C pour comparer la différence potentielle entre ces deux états, en terme de changement de volume, de masse et de K_g (P_c). Un dernier échantillon (S14 ou S3-14) a été préparé par compactage et séchage à l'étuve à 60 °C jusqu'à stabilisation de la masse, afin d'évaluer directement le volume poreux accessible au gaz sous pression de confinement variable.

IV.3.1 Variations de masse et volume

Les Tableau IV.5 et 6 donnent les propriétés physiques générales des échantillons de cette série. Un retrait significatif de S3-9 est constaté après sa stabilisation en masse à *HR*=11%, avec changement de volume -6,7%, tandis qu'un très important gonflement de S3-13 (changement de volume de 19,8%) est confirmé à *HR* = 98%.

Tableau IV.5 Principales caractéristiques des échantillons des mélanges bentonite-sable de la série S3.

N.	HR	D_{comp} (cm)	H_{comp} (cm)	V_{comp} (cm^3)	V_{HR} (cm^3)	V_{sec} (cm^3)	$(V_{HR}-V_{comp})/V_{comp}$ (%)	m_{comp} (g)	m_{HR} (g)	m_{sec} (g)	$m_{saturé}$ (g)
S3-9	11%	3,72	2,45	26,62	24,84	24,59	-6,68	54,86	48,65	47,84	58,16
S3-10	75%	3,69	2,46	26,31	26,23	25,13	-0,31	54,95	54,40	47,92	58,25
S3-11	85%	3,69	2,48	26,50	27,04	25,51	2,02	55,00	55,10	48,02	59,77
S3-12	92%	3,69	2,47	26,43	27,95	25,65	5,76	55,00	56,10	47,83	59,18
S3-13	98%	3,70	2,50	26,81	32,11	25,80	19,78	54,95	58,75	47,40	59,77

Tableau IV.6 Propriétés physiques des échantillons de la série S3, déduites des donnés brutes indiquées dans le Tableau IV.5.

N.	HR	ρ_{ini} (g/cm^3)	ρ_{sec} avec V_{comp} (g/cm^3)	ρ_{sec} avec V_{sec} (g/cm^3)	ϕ(%)	S_w initial, après compactage (%)	S_w avec Eq. IV.2 (%)	S_w avec V_{HR} (%)	S_w avec V_{sec} (%)	S_w avec V_{comp} (%)
S3-9	11%	2,06	1,80	1,95	38,77	68,02	7,85	8,41	8,50	7,85
S3-10	75%	2,09	1,82	1,91	39,26	68,05	62,73	62,92	65,68	62,73
S3-11	85%	2,08	1,81	1,88	44,33	59,40	60,26	59,06	62,60	60,26
S3-12	92%	2,08	1,81	1,86	42,95	63,17	72,86	68,90	75,08	72,86
S3-13	98%	2,05	1,77	1,84	46,14	61,03	91,75	76,60	95,34	91,75

Pour S3, la porosité moyenne est de 42,3% + / -3,8, ce qui est légèrement inférieur à celle de la série d'essai S2 (ϕ (S2) = 47% + / -3.8). Les densités sèches et apparentes sont comparables pour les deux séries d'essai, même si elles sont légèrement plus élevées pour cette nouvelle série (de 0,05g/cm^3 soit 2,4%). Les niveaux de saturation initiale (après compactage) sont également supérieurs à la série S2, de plus de 10% (effet logique d'une porosité plus faible en moyenne). Après stabilisation de masse à *HR* donnée, on a, comme pour la série S2, une augmentation de la saturation en eau S_w, à l'exception de S3-10 (*HR*=75%) mais qui, à l'inverse de S2-8 (*HR*=75% également), se contracte légèrement. Les différentes saturations sont présentées avec des modes de calcul différents selon les volumes de référence utilisés, même si nous avons déjà discuté de celle qui nous parait la plus adaptée.

La Figure IV.13 donne la cinétique de saturation (ou séchage) et les variations de masse pour tous les échantillons de cette série. Alors que pour *HR*=75%, on a un léger séchage (perte de masse) sur l'échantillon S3-10 de cette série et S1-2 de la série S1 (on avait un léger gain de masse pour S2-8 soumis à 75%*HR*), les mêmes tendances, déjà détectées pour les séries précédentes, sont confirmées à *HR*>75% : une augmentation de masse très faible se produit pour *HR* = 85% et une augmentation significative de la masse a lieu à *HR* = 92 et 98%. Les légères différences dans la préparation des échantillons expliquent la différence observée à *HR*=75% selon la série considérée. Les cinétiques et la variation de masse relative sont comparables aux résultats donnés dans les Figures IV.3 et IV.4 pour les essais de la série S2. Sur ces aspects, on n'a donc pas d'effet significatif du confinement initial qu'on avait pu appliquer de façon préliminaire à la série S2.

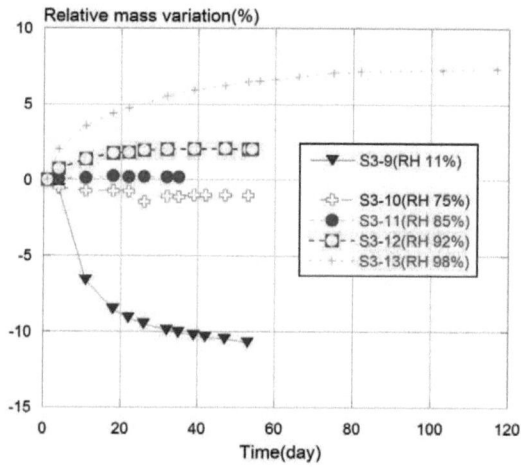

Figure IV.13 Variation de masse due à différentes conditions d'humidité relative – Série S3.

IV.3.2 Perméabilité effective au gaz en conditions partiellement saturées

Les résultats de perméabilité au gaz, pour tous les échantillons stabilisés à une *HR* fixe, sont donnés à la Figure IV.14. Dans l'ensemble, les perméabilités les plus élevées sont de l'ordre de 10^{-17} m^2, donc inférieures d'un à deux ordres de grandeur par rapport aux valeurs correspondantes de la deuxième série d'essais (voir Figure IV.6 et Figure IV.11). La densité sèche moyenne des échantillons de la série S3 est légèrement supérieure, et la porosité moyenne est inférieure à celles de la deuxième série : ceci est suffisant pour justifier une perméabilité plus faible (malgré tout d'au moins un ordre de grandeur !).

En ce qui concerne les effets globaux de la saturation (et des variations volumétriques - voir Figure IV.15), il y a une parfaite cohérence entre ces résultats et ceux de la deuxième série. On constate de nouveau que la perméabilité au gaz devient très faible à partir de P_c=5 MPa: on est à K_g=10^{-19} m^2 pour l'échantillon S3-12 (*HR* = 92%, S_w = 72,8%), et K_g=10^{-20} m^2 pour S3-13 (*HR* = 98% S_w = 91,7%), bien que leur saturation soit incomplète, mais plus élevée que pour la deuxième série. On a aussi une moins grande sensibilité à l'augmentation de la pression de confinement par rapport à la série S2. A nouveau, on peut attribuer ce fait à la différence de compactage initial – certainement plus fort pour la série S3 malgré les précautions prises pour assurer des conditions identiques – qui rend le matériau moins déformable donc moins sensible à P_c.

Pour les échantillons S3-10 et S3-11 (et certainement S3-12 dont la forte saturation devrait entraîner une différence de perméabilité plus forte par rapport à l'état initial), on retrouve la concurrence entre les changements de saturation et les variations de volume, comme suit.

Les variations de volume des échantillons sont présentées à la Figure IV.15 (a) ~ (e) pour l'ensemble de la procédure expérimentale. Ainsi, S3-10 diminue de volume mais perd de la masse, et il est plus perméable que S3-9 (qui est la référence pour l'état initial) : c'est l'effet « perte d'eau » qui est prédominant. S3-11 gonfle et sa saturation augmente légèrement : ces effets opposés produisent une plus grande perméabilité au gaz que dans l'état initial, ce qui signifie que le gonflement est ici prédominant, d'autant plus que les variations de masse sont faibles. Quand à lui, S3-12 a gagné 10% de saturation, et sa perméabilité au gaz est significativement plus basse (d'un ordre de grandeur) que la référence initiale : des deux effets, gonflement et imbibition, l'imbibition l'emporte. S3-13 est proche de 90% de saturation, et l'imbibition l'emporte aussi largement : on a deux ordres de grandeur de moins en perméabilité par rapport à l'état de référence.

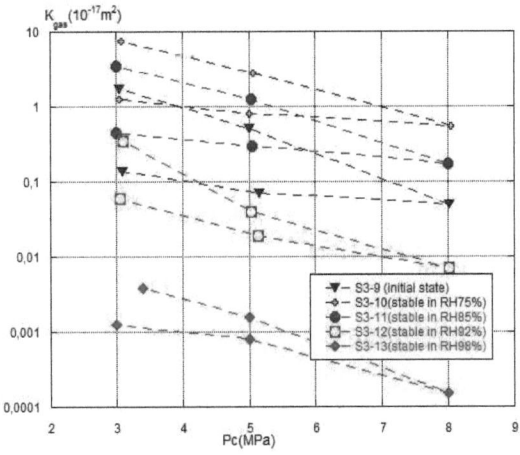

Figure IV.14 Perméabilité après stabilisation à *HR* donnée, à différents niveaux de pression de confinement pour les échantillons de la série S3.

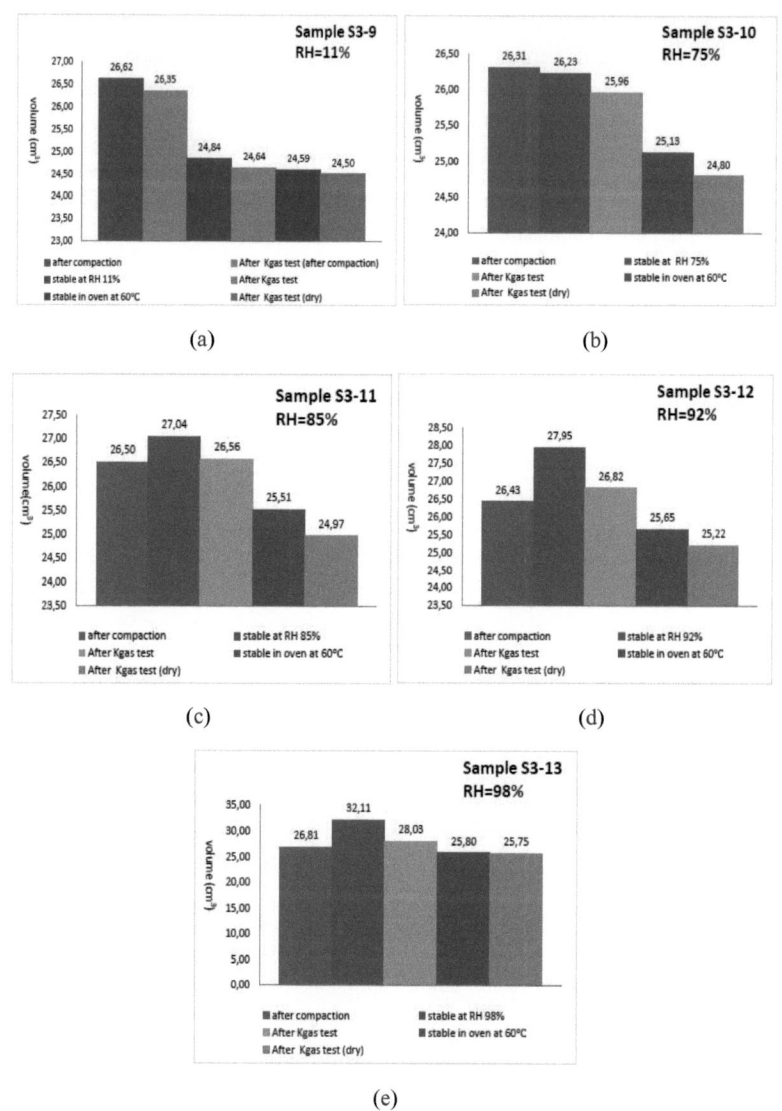

Figure IV.15 Variation de volume de séries S3 pendant l'ensemble du processus expérimental : (a) Échantillon S3-9 (11%); (b) Échantillon S3-10 (75%); (c) Échantillon S3-11 (85%); (d) Échantillon S3-12 (92%); (e) Échantillon S3-13 (98%).

IV.3.3 Perméabilité à l'état sec

Les résultats de perméabilité à l'état sec sont cohérents par rapport à ceux obtenus sur la série S2, voir Figure IV.16. L'ordre de grandeur est encore de $10^{-14}\,m^2$, ce qui représente des valeurs très élevées par rapport aux valeurs initiales après compactage (et plus encore par rapport aux valeurs obtenues après saturation).

Il convient de noter qu'après le compactage et le séchage/imbibition, malgré les contrastes dans les volumes résiduels, voir Figure IV.15, la perméabilité à l'état sec (à la fois pour la série S2 et la série S3) présente une dispersion comparable à celle de l'état initial, puisqu'elle reste comprise entre 1 et $9 \times 10^{-14}\,m^2$, alors que la perméabilité initiale peut varier entre 1 et $5 \times 10^{-15}\,m^2$, voir Figure IV.16. Les observations d'un effet de mémoire sur la sensibilité au confinement et sur la valeur de la perméabilité à l'état sec ne sont plus vraies ici : on peut considérer qu'on avait affaire à un artéfact expérimental pour la série S2.

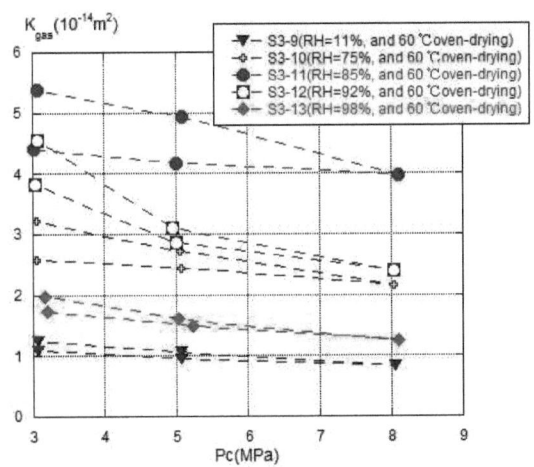

Figure IV.16 Perméabilité sèche des échantillons S3-9, S3-10, S3-11, S3-12 et S3-13.

IV.4 Influence de la pression de confinement sur la porosité

Comme la porosité sous charge mesure directement le volume poreux disponible pour l'écoulement de gaz, elle donne une indication sur la perméabilité au gaz, et sur sa propre sensibilité au confinement. Pour en évaluer l'ampleur et l'irréversibilité, l'échantillon S3-14 a été testé à l'état sec: les résultats sont donnés à la Figure IV.17. D'un point de vue de la mesure, le choix a été fait de prendre le volume de compactage comme référence, car cette valeur est basée sur le volume réel de pores à l'état de départ considéré. Les variations de porosité sont mesurées le long de cycles de chargement/déchargement, P_c= 3 MPa, 5 MPa, 8MPa, 10MPa et enfin jusqu'à 12MPa, le confinement minimum étant toujours de 1 MPa.

On peut noter qu'au plus faible confinement utilisé (P_c = 1 MPa), la porosité est de 30,1%: cette porosité est inférieure à toutes les valeurs « estimées » des échantillons de la série S3 (allant de 38,7% à 46,1%). Cela signifie que ce niveau faible suffit pour déjà diminuer significativement φ.

Ces résultats de la Figure IV.17 montrent une très bonne régularité et un bon chevauchement de la porosité en cours de rechargement par rapport au déchargement précédent. Il faut noter que dès le cycle de premier confinement, la porosité diminue de façon irréversible et ne parvient pas à retrouver la valeur initiale de 30,1%. Cette expérience, bien que réalisée sur un échantillon sec, montre que la porosité accessible au gaz diminue très sensiblement, et en partie de façon irréversible, dès qu'un confinement est appliqué.

En relation directe avec les précédentes expériences de perméabilité au gaz, il est à noter que la porosité diminue linéairement jusqu'à P_c = 5 MPa, valeur au-dessus de laquelle φ diminue plus lentement. Une telle différence de comportement avec l'augmentation de P_c a également été observée pour K_g, voir Figure IV.7 ~ 10 et 14. Nous estimons que c'est la signature de deux phases différentes dans l'effondrement des pores, telles qu'elles sont directement observés à la Figure IV.17: une première phase de variation est observée, avec une pente forte, qui est attribuée à une fermeture uniforme du volume des pores ; ensuite la pente est plus faible et le matériau se raidit, ce qui peut être lié à une fermeture plus localisée de portions du volume poreux.

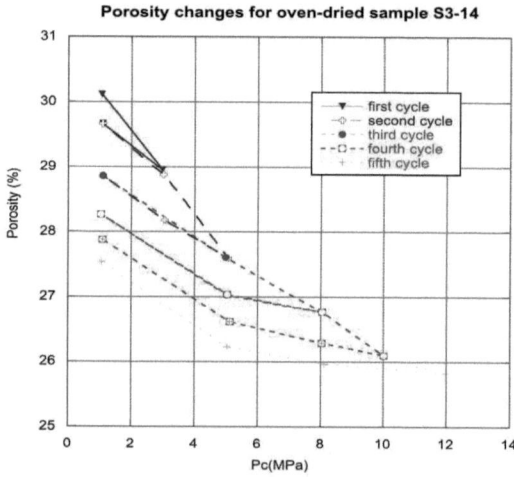

Figure IV.17 Résultats de la variation de porosité en fonction de la pression de confinement (Échantillon S3-14).

IV.5 Conclusion

Cette étude expérimentale visait à évaluer la capacité de transport de gaz de bouchons de bentonite-sable partiellement saturés en eau, sous une pression hydrostatique croissante, en relation avec un phénomène *in situ*, i.e., la mise sous pression d'une partie des bouchons bentonite-sable de la barrière de scellement à cause du gonflement bloqué de la zone périphérique.

Comme la pression de gonflement cible est de 7MPa, on a supposé que c'était autour de cette pression externe appliquée qu'il fallait évaluer si le scellement (supposé obtenu à partir de $K_g=10^{-20}$ m^2) était possible, d'où le choix d'un premier niveau de confinement à 5MPa. L'intérêt d'évaluer l'effet de pressions plus fortes nous a néanmoins conduits à tester jusqu'à P_{cmaxi}=12 MPa.

Notre investigation a été réalisée en trois séries successives de tests sur des bouchons de bentonite-sable fabriqués selon le même mode (voir Chapitre II). Une première série préliminaire nous a conduit à élargir l'étude vers la clarification d'un phénomène apparemment contradictoire : à degré de saturation intermédiaire (S_w=50-70%), malgré une perte d'eau (limitée), certains échantillons devenaient moins perméables et malgré un gain d'eau (limité) d'autres devenaient plus perméables. Ceci a amené à utiliser les essais des séries S2 et S3 pour analyser plus finement une compétition possible entre variation de volume et variation de teneur en eau. On a ainsi pu montrer qu'à l'issue du séchage partiel ou de l'imbibition partielle (qualifiées ici de modérées), les retraits ou gonflement induits pilotaient les variations de perméabilité apparemment illogiques. Vers les plus fortes de-saturations ou saturations, la logique retrouve ses « droits » avec des variations de perméabilité effectives conformes aux observations usuelles. De là, on a pu mettre en évidence ce qui représente finalement un aspect complémentaire, c'est-à-sire l'impact très significatif du confinement sur ce matériau – même incomplètement saturé – mais très déformable, qui peut faire chuter, irréversiblement, le perméabilité de plusieurs ordres de grandeur. Ce confinement joue sur l'espace poreux disponible pour le gaz et potentiellement sur la redistribution parallèle de l'eau dans le matériau. Il joue aussi sur la saturation réelle du matériau dont l'étude a clairement montré qu'elle était difficile à déterminer, puisque tributaire d'un volume du matériau constamment variable et d'un espace poreux dont le volume, dans un état actuel du matériau, est inconnu.

En conclusion, cette partie a pu soulever d'importants questionnements sur les états de référence du matériau à utiliser pour déterminer ses propriétés physiques usuelles mais elle a aussi montré sans ambiguïté que son importante déformabilité pouvait conduire à une quasi imperméabilité au gaz même avec une saturation en eau incomplète.

Chapitre V - Gonflement et pression de percée en présence d'une pression de gaz et d'eau

Sommaire

Chapitre V - Gonflement et pression de percée en présence d'une pression de gaz et d'eau 108

V.1 Gonflement d'un plug de bentonite-sable (dans un tube aluminium- plexiglas) sans présence de gaz 111

    V.1.1 Pression de gonflement 111

    V.1.2 Pression de percée après gonflement 112

V.2 Gonflement d'un plug de bentonite (dans un tube Plexiglas-aluminium) avec pression de gaz P_{gaz}=4, 8/6MPa 115

    V.2.1 Effets de la pression de gaz sur la pression de gonflement 115

    V.2.2 Effet de la pression de gaz sur la pression de contact de l'interface plug-tube 118

    V.2.3 Effet du gonflement avec pression de gaz sur la pression de percée 119

    V.2.4 Effets d'une re-saturation et/ou d'une diminution de la pression de gaz imposée lors du gonflement 120

V.3 Effet de la hauteur d'échantillon sur la pression de gonflement et la pression de percée 125

    V.3.1 Pression de gonflement 126

    V.3.2 Effet de couplage entre la pression du gaz et de la déformation de la bentonite-sable pour l'échantillon A4 127

    V.3.3. Re-saturation de l'échantillon A4 128

    V.3.4 Essai de percée de gaz 130

V.4 Conclusion 131

Introduction

Ce chapitre vise à déterminer l'effet d'une pression de gaz (comprise entre 0 et 8MPa) sur les propriétés de gonflement et de saturation en eau du mélange bentonite-sable compacté. C'est une étude de laboratoire destinée à accompagner le test dit « PGZ » effectué à Bure par l'Andra, dans lequel un gaz sous pression est présent pendant la phase de saturation des bouchons de bentonite-sable. Le principe de la saturation par contact avec un bouchon entièrement saturé en eau (et soumis à pression d'eau) et en présence de gaz est rappelé à la Figure V.1. La pression d'eau appliquée tout au long de cette campagne expérimentale est de 4MPa, ce qui est proche de la pression *in situ*.

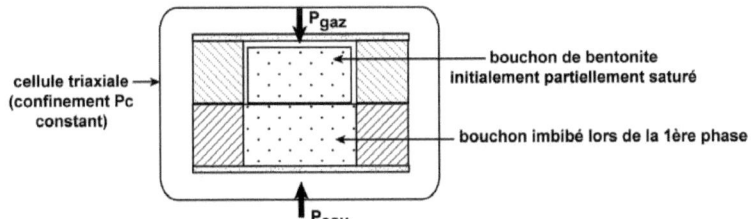

Figure V.1 Schéma de l'essai de laboratoire d'imbibition en présence d'eau et de gaz, correspondant aux Phases I et III présentées à la Figure V.2. Dans le schéma du bas, le tube aluminium-plexiglas supérieur, contenant le bouchon initialement partiellement saturé, est instrumenté de jauges de déformation pour mesurer la pression interne qu'il subit au cours de l'essai.

La campagne expérimentale consiste en deux, ou quatre, ou six étapes selon l'échantillon testé, voir Figure V.2 et Tableau V.1. Un certain nombre de bouchons de bentonite a été entièrement saturé en eau (phase I), pour servir à imbiber d'autres bouchons (par contact), en présence ou non d'une pression de gaz. Pour chaque tube d'aluminium-plexiglas (dans lequel on fait gonfler les bouchons), l'essai de calibrage (Phase II) permet de déterminer la relation entre la déformation des jauges (collées en surface externe) et la pression interne subie, avant l'essai de gonflement en présence d'eau et de gaz proprement dit (phase III). L'essai de pression de percée fait l'objet de la Phase IV. Par la suite, quelques échantillons qui n'ont pas été entièrement saturés en présence de gaz, sont re-saturés par contact direct avec l'eau (Phase V) puis testés à nouveau pour leur pression de percée (Phase VI).

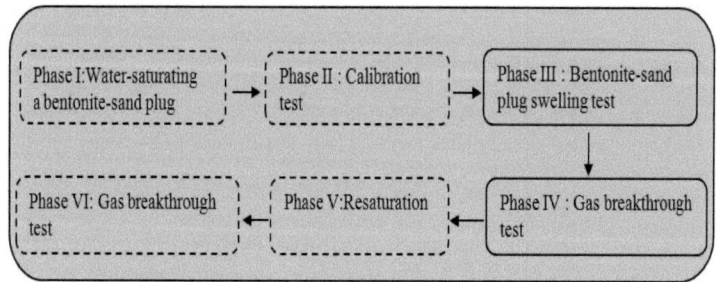

Figure V.2 Procédure expérimentale suivie par les trois séries de tests Ai, Bi et Ci.

Le Tableau V.1 présente la nomenclature adoptée pour les noms des échantillons selon les conditions d'essai appliquées. Pour la série Ai (A1, A2, A3 et A4), le plug de bentonite-sable gonfle sans pression de gaz : les échantillons A1 et A2 sont en contact direct (en face inférieure) avec un plug complètement saturé, alors que l'échantillon A3 est directement en contact avec l'eau. L'échantillon A4 subit les mêmes conditions de gonflement que A3, mais sa hauteur est double (50mm au lieu de 25mm). Ceci permet d'évaluer un effet d'échelle éventuel. Pour les séries Bi et Ci, le plug de bentonite-sable gonfle en présence à la fois d'eau (par contact avec un bouchon inférieur entièrement saturé) et de gaz (4/6/8MPa).

Tableau V.1 Nomenclature des échantillons et conditions expérimentales : la pression d'eau est de 4MPa, alors que la pression de gaz est 0/4/6/8MPa. P_g est la pression de gaz subie par le bouchon supérieur; P_w est la pression d'eau subie par le bouchon inférieur (déjà entièrement saturé en phase I).

N.	P_g (MPa)	P_w (MPa)	Procédure suivie	Notes
A1, A2	0	4	Phase I~ Phase IV	H=25mm, Mise en contact du plug supérieur avec un plug inférieur complètement saturé
A3	0	4	Phase II~ Phase IV	H=25mm, Contact direct avec de d'eau pour saturation
A4	0	4	Phase I~ Phase IV	1) H=50mm 2) Contact direct avec de l'eau pour saturation
B1, B2,	4	4	Phase I~ Phase VI	
C1, C2	8	4	Phase I~ Phase IV	H=25mm, Mise en contact du plug supérieur avec un plug inférieur (complètement saturé)
	6	4	Phase III~ Phase IV	

V.1 Gonflement d'un plug de bentonite-sable (dans un tube aluminium- plexiglas) sans présence de gaz

V.1.1 Pression de gonflement

Les courbes donnant la cinétique d'augmentation de la pression de gonflement des échantillons A1, A2 et A3 sont présentées à la Figure V.3. On observe que sont indiquées, pour chaque bouchon, deux valeurs de pression de gonflement à stabilisation. Ce sont respectivement la valeur de la pression de gonflement total (valeur supérieure, en présence de la pression d'eau de 4MPa) et la valeur de la pression de gonflement effective (valeur plus faible). La pression effective est celle obtenue à stabilisation, quand on a stoppé toute injection d'eau dans le matériau.

On remarque tout d'abord une cinétique différente pour les deux échantillons A1 et A2, alors qu'ils sont soumis à des conditions identiques de gonflement. Ceci peut être dû à un moins bon contact initial entre les deux plugs de bentonite (saturé – plug du bas et partiellement saturé – plug du haut – Figure V.1) ou à une perméabilité à l'eau plus faible pour la bentonite saturée destinée à l'échantillon A2. Les transferts d'eau ainsi ralentis conduiraient à une cinétique de gonflement plus lente pour A2 par rapport à A1. L'échantillon A3, directement en contact avec l'eau, exhibe quant à lui la cinétique la plus rapide, ce qui était attendu.

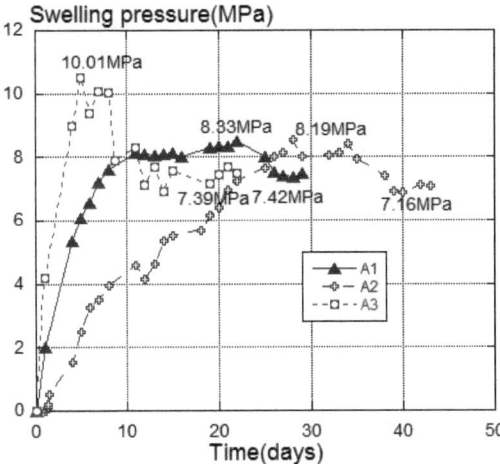

Figure V.3 Évolution de la pression de gonflement avec le temps: les échantillons A1, A2 et A3.

Analysons maintenant les pressions de gonflement obtenues. Les pressions effectives des trois échantillons sont toutes du même ordre de grandeur : elles sont comprises entre 7,2 et 7,6MPa, ce qui correspond bien à la valeur cible visée *in situ*. Les écarts peuvent être dus à de petites différences dans la préparation des matériaux, dans leur saturation et leur compactage (densité sèche exacte), mais, dans l'ensemble, les résultats sont satisfaisants. Les pressions effectives obtenues pour A1 et A2 sont légèrement inférieures à celle de l'échantillon A3 qui était en contact direct avec l'eau: il est donc possible que leur saturation ne soit pas totalement complète. Par contre, les pressions totales de gonflement sont différentes entre A1-A2 (avec une valeur proche comprise entre 8,19 et 8,33MPa) et A3 (avec une valeur à 10MPa). Ceci est lié à la pression d'eau qu'ils subissent, qui varie entre 4MPa (en face inférieure) et 0MPa (en face supérieure ou aval de l'échantillon), voir Figure V.4.

Ainsi, les échantillons A1 et A2 font 50mm de hauteur (correspondent à la superposition de deux plugs de hauteur 25mm chacun), alors que A3 est de hauteur moitié (25mm). Comme la face inférieure de chaque échantillon est soumise à une pression d'eau de 4MPa (grâce à une pompe Gilson régulée à +/-0,2MPa) et la face supérieure est à la pression atmosphérique, il existe une variation de la pression interstitielle, subie par l'échantillon, entre ces deux valeurs. En première approche, on peut supposer que la transmission de cette pression le long de la hauteur de l'échantillon est linéaire, ce qui nous donne les deux cas A (pour A1 et A2) et B (pour A3), voir Figure V.4 (a) et (b). Ainsi, à l'endroit où sont positionnées les jauges mesurant la pression de gonflement, la hauteur est de 37.5mm pour le cas A (A1 et A2) et 12.5mm pour le cas B (A3) : avec une répartition linéaire de pression, cela correspond à une pression de fluide d'environ 1MPa pour A1 et A2 et 2MPa pour A3.

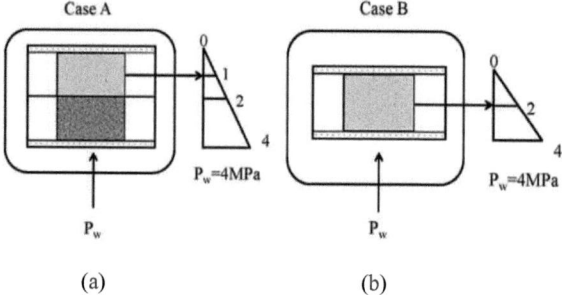

Figure V.4 (a) Distribution supposée de la pression d'eau sur la hauteur du tube : Cas A, correspondant aux échantillons A1 et A2; (b) distribution de la pression d'eau sur la hauteur du tube : Cas B, correspondant à l'échantillon A3.

Quand on stoppe l'injection d'eau, il est alors logique d'avoir une chute de pression plus faible pour A1 et A2, que pour A3. Concrètement, voir Figure V.3, la chute de pression mesurée au niveau des jauges vaut 0,91 MPa pour A1, 1,03 MPa pour A2 (ce qui est très comparable à 1MPa prévu avec une répartition linéaire), et 2,44 MPa pour A3 (ce qui est correct par rapport à 2MPa prévus avec une répartition linéaire).

V.1.2 Pression de percée après gonflement

Comme nous l'avons indiqué précédemment, la pression de percée est un très bon indicateur de la saturation du milieu ; les essais mis au point permettent en outre d'évaluer la perméabilité du matériau juste après le passage du gaz. L'essai de percée, mené par paliers de petite amplitude jusqu'au passage continu du gaz, aura une double utilisation : tester la saturation en eau et identifier où passe le gaz i.e. à l'interface bentonite/tube en aluminium-plexiglas, ou à travers la bentonite.

Pour les trois échantillons de hauteur 25mm, le Tableau V.2 présente la valeur de la pression de percée P_{con} qui a entraîné un écoulement continu avéré. On donne également la plus faible pression d'injection qui a conduit à une détection discontinue d'argon en aval (P_{dis}). On y rappelle également la valeur de la pression de gonflement effective P_{eff}. Ces résultats confirment d'autres essais plus anciens (conduits dans notre laboratoire) et indiquent que la pression de percée continue est toujours du même ordre de grandeur (voire un peu plus élevée) que la pression de gonflement. Ceci n'est le cas que si le matériau est saturé. On peut donc se poser la question de l'endroit où passe le gaz (interface tube/plug ou au sein du plug): cette question sera abordée au chapitre suivant (Chapitre VI).

Tableau V.2 Résumé des essais de percée de gaz des échantillons A1~A3.

N.	Gonflement P_{eff}(MPa)	Percée discontinue P_{dis}(MPa)	Percée continue P_{con}(MPa)	Note
A1	7,42	4,1	N/A	Mise en contact du plug supérieur avec un plug inférieur entièrement saturé
A2	7,16	3,6-6,5	7,1	
A3	7,39	4,6	8,1	Contact direct avec de d'eau pour la saturation

Le Tableau V.3 donne un exemple des résultats au cours de l'essai de pression de percée pour l'échantillon A2. On a calculé une perméabilité K_g qui est assez artificielle dans le sens où ela section exacte de l'écoulement n'est pas connu au moment du passage (on verra au Chapitre VI que l'écoulement se produit à l'interface) : la K_g mesuré indique plus une conductivité qu'une perméabilité mais indique clairement une pression seuil au-delà de laquelle il y a une brutale augmentation du débit (voir aussi Figure V.5). L'augmentation Q_g de la pression dans la chambre aval est évaluée en MPa/h à partir des données temporelles fournies par le manomètre aval : on constate qu'alors qu'elle n'augmente pas significativement lorsque le passage discontinu est incertain (elle reste dans l'ordre de grandeur de 10^{-4}MPa/h), Q_g augmente d'un à deux ordres de grandeur dès que le passage discontinu puis continu a lieu. En cas de problème de fonctionnement du détecteur d'argon (comme nous en avons eu), le paramètre Q_g donne une mesure indépendante du passage discontinu et continu de gaz.

Tableau V.3 Résultats de l'essai de percée pour l'échantillon A2.

P_{amont}	P_{aval}	$V_{détecteur}$	Q_g	K_g	Passage?
MPa	MPa	10^{-4} ml/s	10^{-4} MPa/h	10^{-20} m²	oui/non
3,63	0,0237	N/A	2,75	-	
4,19	0,0089	N/A	6,83	-	
4,32	0,0085	N/A	N/A	-	discontinu possible
4,86	0,0184	N/A	4,88	-	
5,12	0,0044	N/A	4,04	-	
5,58	0,0058	N/A	4,79	-	
6,12	0,0196	N/A	3,54	-	
6,50	0,0246	4~6	22,58	-	discontinu mesuré
6,82	0,0096	4~7	96,79	-	
7,09	0,0196	4~9	118,58	31,55	continu

Note: P_{amont} est la pression de gaz en amont, P_{aval} est la pression de gaz dans la chambre fermée en aval, $V_{détecteur}$ est le débit d'argon mesuré par le détecteur de gaz lors de l'ouverture de la chambre aval, Q_g est le taux d'augmentation de la pression de gaz en aval évaluée à partir des données temporelles du manomètre aval. En raison de problèmes techniques, le détecteur de gaz n'a pas fonctionné jusqu'à ce que la pression du gaz atteigne 6,5MPa. Lorsque l'on compare avec les autres tests, on peut estimer que le passage du gaz discontinu se produit dès 3,63MPa.

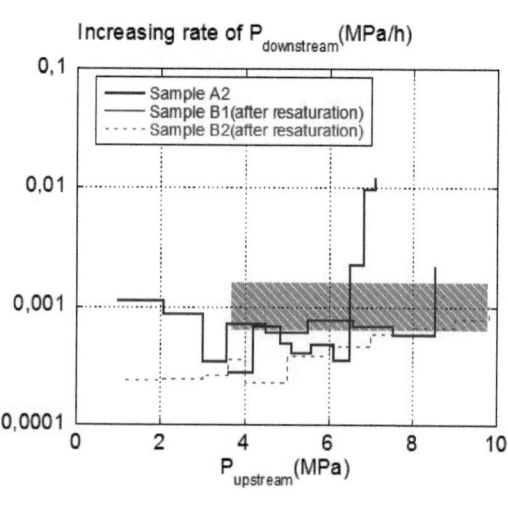

Figure V.5 Essai de pression de percée d'échantillons saturés en présence d'eau et de gaz : Relation entre l'augmentation de la pression de gaz en aval (évaluée à partir des données temporelles du manomètre) et la pression de gaz en amont, pour les échantillons A2 ($P_{gaz} = 0$), B1 et B2 ($P_{gaz}=4$MPa). La zone grisée est celle qui est atteinte dès que le passage continu commence à être observé.

En conclusion partielle, on peut admettre que quand le mélange bentonite-sable est saturé, la pression de percée au travers du montage tube - plug est au moins égale à la pression de gonflement du matériau. Sur une interface lisse comme dans les essais A1, A2 et A3, il y a un écoulement continu quand la pression de gaz est au moins égale à la pression de gonflement. Pour les voies de migration des gaz, il y a deux possibilités pour leur localisation : soit à travers le plug, soit le long de l'interface entre le tube et le plug. Une réponse partielle est apportée dans le chapitre suivant. Par ailleurs, l'effet d'échelle éventuel sur la pression de gonflement ou le passage de gaz est analysé au paragraphe V.3 sur l'échantillon A4, voir ci-dessous.

V.2 Gonflement d'un plug de bentonite (dans un tube Plexiglas-aluminium) avec pression de gaz $P_{gaz}=4, 8/6$MPa

Pour ces essais, deux gammes de pression de gaz ont été appliquées : soit 4MPa (égale à la pression d'eau utilisée pour la saturation en eau), soit 8MPa (valeur extrême, équivalente à la pression de gonflement attendue du plug), et ensuite (pour l'échantillon C2) 6MPa. Le dispositif complet est représenté à la Figure V.6, où on retrouve bien la pression d'eau appliquée en face inférieure du plug inférieur saturé, et la pression de gaz appliquée (et mesurée) en face supérieure du plug initialement partiellement saturé.

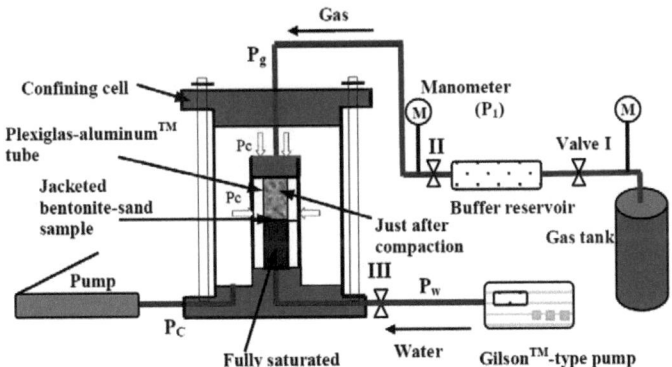

Figure V.6 Dispositif expérimental de gonflement d'un bouchon de bentonite-sable en présence d'une pression de gaz et d'une pression d'eau ($P_w=4$MPa).

V.2.1 Effets de la pression de gaz sur la pression de gonflement

Essais de gonflement avec une pression de gaz de 4MPa (échantillons B1 et B2)

La Figure V.7 ci-dessous montre l'effet de la pression de gaz sur la cinétique et la pression de gonflement des bouchons.

Dès l'application de 4MPa de pression de gaz, celle-ci s'applique sur la surface interne du tube : les premières valeurs mesurées de P_{gonfl} sont égales à 4MPa, puis la coupure hydraulique se produit en moins de 24h: le plug gonfle et commence à s'appuyer sur la face interne du tube, de telle sorte que P_{gonfl} chute autour de 2MPa (1,6MPa pour B1 et 2,3MPa pour B2), puis continue à augmenter au-delà. Après 24h, P_{gonfl} a déjà légèrement dépassé 4MPa: pour B1, P_{gonfl}(t=24h)= 4,14MPa ; pour B2, P_{gonfl}(t=24h)= 4,9MPa.

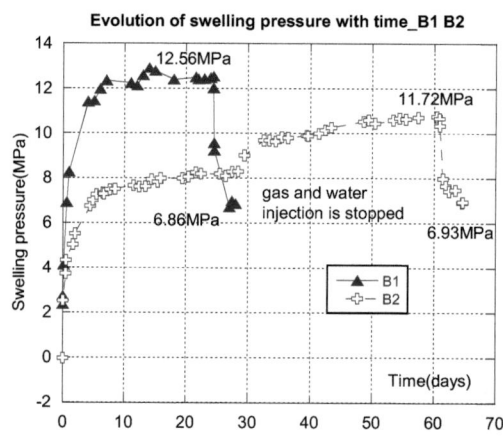

Figure V.7 Évolution de la pression de gonflement avec le temps: échantillons B1 et B2 soumis à présence simultanée de 4MPa de gaz et en contact avec l'eau.

Par la suite, on observe deux cinétiques de gonflement très différentes pour les deux plugs : la stabilisation est obtenue entre 10 et 25 jours pour B1, contre 50 à 60 jours pour B2. Ces écarts peuvent provenir de différences de perméabilité à l'eau des plugs inférieurs et/ou de petits écarts de saturation initiale. Nous estimons qu'en partie basse du montage, il n'y a pas d'effet de la pression de gaz sur la pression d'eau. On peut également observer que les pressions totales de gonflement sont proches (avec des valeurs de 12,56 et 11,72MPa pour B1 et B2 respectivement). De même, les pressions effectives sont proches avec des valeurs de 6,86MPa pour B1 et 6,93MPa pour B2. Cela tendrait à prouver que, malgré des conditions initiales sans doute un peu différentes, un équilibre final se produit en présence simultanée d'eau et de gaz, donnant une pression de gonflement légèrement plus faible que pour les plugs A2 et A3, dont les gonflements effectifs étaient de 7,1 et 8,1MPa respectivement. Rappelons que ces plugs avaient gonflé sans présence de gaz. A ce stade, nous n'avons pas d'explication pour les différences de pression totale.

Les pressions de gonflement effectives étant quasiment les mêmes (6,86 et 6,93MPa) qu'en l'absence de gaz (7,1 et 8,1MPa), on pourrait estimer, à ce stade, que les plugs sont complètement saturés, même en présence de gaz à 4MPa. C'est l'essai de percée (voir plus loin) qui permettra de conclure plus finement.

Essais de gonflement avec une pression de gaz de 8MPa (échantillons C1 et C2)

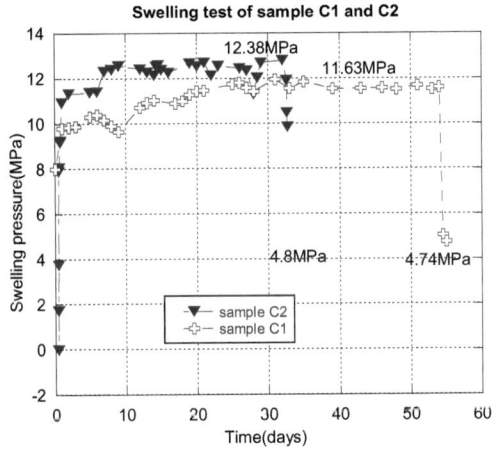

Figure V.8 Évolution de la pression de gonflement avec le temps: échantillons C1 et C2 soumis à présence simultanée de 8MPa de gaz et en contact avec l'eau.

Les phénomènes sont très différents avec une pression de gaz de 8MPa, voir Figure V.8. Dès l'application de la pression de gaz, la pression interne du tube est mesurée à cette valeur, et ne chute pas par la suite : aucune coupure hydraulique n'est observée, par laquelle le contact du plug sur la face interne du tube diminuerait P_{gonfl}. La pression P_{gonfl} reste strictement croissante en fonction du temps. Par ailleurs, il y a un effet instantané sur la pression d'eau en partie basse: celle-ci, mesurée par la pompe Gilson, monte entre 7 et 8 MPa dès l'application des 8MPa de gaz en face supérieure. La pression de gaz se transmet donc directement à la pression d'eau. A ce stade il y avait deux possibilités : soit de drainer constamment l'eau en partie basse pour garder 4MPa de pression, soit de laisser le gaz imposer à l'eau son niveau de pression. C'est ce qui a été choisi, car cela semblait être plus en accord avec ce qui se passerait *in situ*. Ce phénomène instantané laisse néanmoins présager de grandes difficultés de saturation du plug. Par ailleurs, pour les deux échantillons C1 et C2, la stabilisation en pression est assez rapide (davantage qu'à 4MPa de gaz) et peut être mesurée entre 10 et 25 jours.

En terme de comportement à stabilisation, on peut voir à la Figure V.8 que pour les deux plugs C1 et C2, les pressions totales sont proches avec des valeurs égales à 11,6MPa pour C1 et 12.4MPa pour C2. Les pressions effectives de gonflement sont encore plus proches : 4,74MPa pour C1 et 4,8MPa pour C2. Il est cependant clair que la présence de gaz a empêché la saturation complète, puisque ces pressions effectives sont inférieures à 5MPa i.e. largement en-dessous des 7-8MPa attendus.

V.2.2 Effet de la pression de gaz sur la pression de contact de l'interface plug-tube

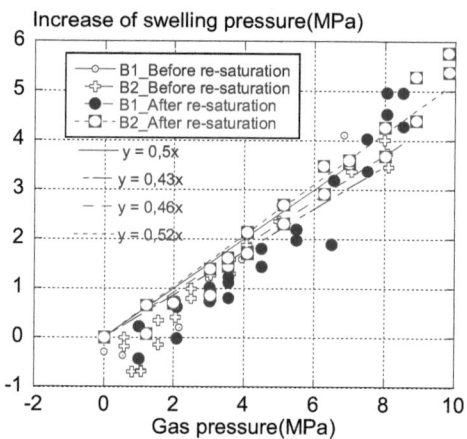

Figure V.9 Effet de la pression de gaz sur la pression de contact de l'interface plug-tube pour B1 et B2 après saturation à P_{gaz}=4MPa et en contact avec l'eau (plug inférieur), puis après essai de pression de percée et re-saturation en contact direct avec l'eau (4MPa).

Les échantillons sont démontés de la cellule hydrostatique, puis remontés avec un tube inférieur vide pour l'essai de pression de percée, voir Figure II.15. Sous l'effet de la montée progressive en pression de gaz à l'intérieur du tube inférieur (par paliers de 0,5 à 1MPa), on continue d'enregistrer les déformations des jauges (comme lors de l'essai de gonflement), et donc la pression de contact entre le plug et le tube supérieur.

On constate alors que cette pression de contact (P_{cont}), i.e. la pression mesurée à l'interface entre le tube et le plug, est affectée par la pression d'injection de gaz, voir Figure V.9. On constate que pour B1 et B2, lorsque la pression de gaz P_g augmente, la pression de contact augmente également, jusqu'à devenir stable (après une réponse immédiate). La différence entre la réponse immédiate et la valeur à stabilisation est de l'ordre de 0,5MPa, i.e. elle est équivalente à la valeur du palier de pression de gaz imposé.

La Figure V.9 trace l'évolution de la pression de contact en fonction de la pression de gaz imposée (lors de l'essai de pression de percée), pour les échantillons B1 et B2, après leur premier gonflement sous l'effet combiné de l'eau (contact avec un plug inférieur) et de 4MPa de pression de gaz, puis après un premier essai de pression de percée et re-saturation par contact direct avec 4MPa de pression d'eau. Cette deuxième phase doit permettre de finir la saturation complète des échantillons, si l'application de 4MPa de gaz ne l'a pas permis. D'un point de vue global, la réponse de B1 et B2 est peu affectée par la chronologie (avant re-saturation ou après). La réponse est linéaire et la pente de la relation (P_g ΔP_{cont}) est comprise entre 0,43 et 0,52. Des phénomènes similaires ont déjà été mesurés au laboratoire, voir Davy et al. (2009). Par ailleurs, cette valeur de pente (environ 0,5) correspond à ce qui est attendu. En effet, les échantillons B1 et B2 sont quasiment complètement saturés (ou complètement saturés), aussi tant que le gaz ne percole pas nettement jusqu'en face aval, la pression de gaz en amont augmente d'autant la pression d'eau interstitielle. En première approche, on peut donc estimer (comme précédemment) que la pression d'eau au milieu de l'échantillon (là où se trouvent les jauges) sera égale à la moitié de la pression de gaz appliquée. Si la bentonite-sable a un coefficient de Biot de 1 (ce qui parait vraisemblable du fait que c'est un matériau granulaire, bien que gonflant) on retrouve une augmentation de contrainte totale de 0,5 P_g.

Cet aspect ne doit pas être négligé, car il signifie que la pression de contact (i.e. la pression de gonflement) augmente avec la pression d'injection de gaz. Cet effet de couplage entre la pression de gaz et la pression de contact de l'interface plug-tube sera particulièrement important quand on considèrera la migration de gaz *in situ*. En outre, cette constatation peut également fournir des informations utiles à la simulation numérique, par exemple, pour fournir des conditions aux limites réalistes. L'effet de la pression de gaz sur la pression de contact interfaciale peut être décrit par la relation suivante :

$$P_{cont} = P_{eff} + a\, P_g \qquad (V.1)$$

La valeur du coefficient de proportionalité a est comprise entre 0,43 et 0,52 pour les échantillons B1 et B2, avant et après re-saturation, dont on sait qu'ils sont saturés ou quasiment saturés en eau. Par contre, pour les échantillons C1 et C2, le problème est tout autre. En effet, comme ils sont seulement partiellement saturés, ils sont perméables au gaz et la notion de pression de percée perd son sens (elle n'est valable que par rapport à un milieu poreux initialement complètement saturé en eau). Dans d'autres situations (par exemple si la densité sèche initiale des plugs est différente), la valeur *de a* peut être différente. Elle va également dépendre de la position des jauges, et des conditions de drainage en eau (avec ou sans pression d'eau appliquée).

V.2.3 Effet du gonflement avec pression de gaz sur la pression de percée

Le Tableau V.4 rappelle les valeurs de pression effective de gonflement des échantillons B1, B2, C1 et C2 imbibés en présence d'une pression de gaz de 4 ou 8MPa. On constate que la présence de gaz, quelle que soit sa valeur, affecte la pression effective de gonflement. Ceci suggère que la saturation est imparfaite, même pour un gonflement en présence de 4MPa de pression de gaz. C'est effectivement ce qu'indiquent les pressions de percée obtenues, tant pour le passage discontinu que pour le passage continu de gaz : P_{con} au passage continu vaut 2,16 et 2,50MPa pour B1 et B2 respectivement, et 1,49MPa pour C2. Ces valeurs sont toutes significativement plus basses que la pression effective de gonflement, alors qu'elle correspond à la pression de passage des échantillons entièrement saturés, voir le cas des échantillons A2 et A3 au paragraphe V.1.2.

Tableau V.4 Pressions de percée pour les échantillons imbibés sous pression de gaz: B1, B2 et C2.

Échantillon	P_{gaz} appliquée pour le gonflement	Pression effective de gonflement P_{eff} (MPa)	P_{dis} (MPa)	P_{con} (MPa)
B1	4	6,86	1,01	2,16
B2	4	6,93	0,60	2,50
C1	8	4,74	N/A	N/A
C2	8	4,80	0,12	1,49

Note: La pression de percée discontinue P_{dis} de l'échantillon C2 est obtenue dès le premier palier de pression de gaz appliquée. L'échantillon C1 a été perdu à la suite d'une fuite d'huile de confinement.

Par ailleurs, un débit de gaz intermittent (passage discontinu) pour B2 est détecté dès le premier palier d'injection de gaz de 0,6MPa, et cette valeur est de 1,01MPa pour l'échantillon B1. Ceci est une preuve supplémentaire que les matériaux ne sont pas saturés. On peut ainsi souligner que la mesure de la pression de gonflement est, en fait, insuffisante pour juger de la saturation du matériau car les pressions effectives de 6,86 et 6,93MPa pour B1 et B2 pouvaient laisser penser que les matériaux étaient saturés : la pression de gonflement cible (7MPa) était quasiment atteinte. La très faible pression de percée discontinue (puis continue) dément clairement cette hypothèse, et montre que les échantillons sont loin de la saturation complète. Pour l'échantillon C2, la pression de gonflement de 4,74MPa indiquait un échantillon non saturé, et ceci est confirmé par un passage de gaz intermittent dès la première mise en pression, puis un passage continu à 1,49MPa seulement, qui traduit la perméabilité (donc la non saturation) de celui-ci.

V.2.4 Effets d'une re-saturation et/ou d'une diminution de la pression de gaz imposée lors du gonflement

Les résultats précédents ont clairement montré que la présence de gaz sous pression pendant l'imbibition du bouchon s'opposait à la saturation complète de celui-ci. On peut penser qu'*in situ*, du fait de la possibilité pour le gaz de migrer au travers de la barrière imparfaitement saturée, il y aura une décroissance lente de la pression de gaz au terme de laquelle les matériaux retrouveront les conditions initiales : pression d'eau P_w=4MPa et P_{gaz}=0.

De ce fait, les tests précédents ont été complétés pour observer l'influence de la chute de pression de gaz : pour l'échantillon C2, la pression de gaz est modifiée de 8 à 6MPa ; pour les échantillons B1 et B2, la pression de gaz est passée de 4MPa à zéro, et ils ont été re-saturés par l'application directe d'une pression d'eau.

(a) Effet d'une diminution de la pression de gaz appliquée de 8 à 6MPa

La Figure IV.10 ci-dessous présente les résultats de pression de gonflement de l'échantillon C2 sous 6MPa de pression de gaz. Dans un premier temps, on observe qu'il n'y a pas d'influence de la pression de gaz appliquée sur la pression d'eau amont, ce qui n'était pas le cas avec 8MPa de pression de gaz.

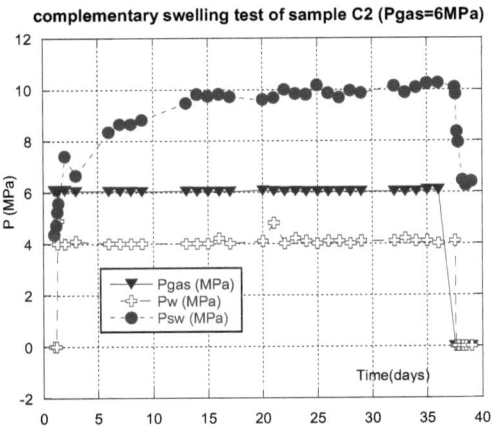

Figure V.10 Évolution de la pression de gonflement (en vert) avec le temps lorsque l'échantillon C2 est saturé avec P_w=4MPa (en bleu) et P_{gaz}=6MPa (en rouge).

La pression de gonflement totale est maintenant d'environ 9,9 MPa et la pression effective s'établit à 6,4MPa. La pression effective de gonflement a donc augmenté de 1,7 MPa par rapport à l'application de P_{gaz}=8MPa : ceci prouve que l'échantillon s'est davantage saturé en diminuant la pression de gaz de 8 à 6MPa. Cela parait logique, car cela correspond à une diminution de la pression capillaire au sein des pores du matériau. La pression effective est maintenant assez proche de la pression effective obtenue sans gaz (P_{eff}=7,1-8,1MPa), ou avec 4MPa de gaz (P_{eff}=6,86-6,93MPa).

On procède alors à une expérience de percée de gaz. Les résultats de cette expérience sont décrits dans le Tableau V.5. On peut voir qu'il y a passage de gaz (discontinu) dès son application à 1,01MPa et qu'après ce passage, les transferts s'accélèrent avec une perméabilité au gaz qui augmente très rapidement et qui est mesurable dès 2,51MPa de pression de gaz. C'est ainsi la preuve que l'échantillon, même s'il s'est re-saturé, reste encore éloigné de la saturation totale.

Tableau V.5 Résultats de l'essai de percée lorsque l'échantillon C2 est saturé avec P_w=4MPa et P_{gaz}=6MPa.

P_{amont} (MPa)	P_{aval} (10^{-2} MPa)	Q_g (10^{-2} MPa/h)	K_g (10^{-20} m^2)	Passage de gaz ? (oui/non)	
0,60	12,28	0,77	-	non	
1,01	9,32	5,96	-	oui	discontinu
2,17	0,70	8,40	-		
2,51	3,00	20,00	21,6~33,6		continu
3,00	1,00	-	37,9~48,7		
3,50	59,50	-	679~716		

(b) Effet d'une re-saturation (pression de gaz diminuée de 4 à 0MPa)

Les échantillons B1 et B2 ont été re-saturés par injection directe d'eau sur une face dans un premier temps, puis ensuite sur les deux faces et enfin sur une seule face, avant d'être stoppée. Les Figures V.11 (a) et V.12 (a) présentent le protocole suivi (pour B1 et B2 respectivement), qui vise à assurer la meilleure saturation possible. Chaque étape dure plusieurs jours, jusqu'à ce que la pression de gonflement totale soit stable.

La Figure V.11 (b) présente les résultats de gonflement de l'échantillon B1 : on constate que la pression de contact mesurée initialement (P_{eff} = 6,09MPa) est inférieure à la pression de gonflement obtenue à la fin du gonflement en présence de 4MPa de gaz, voir Figure V.7. (P_{eff} = 6,86MPa). On peut attribuer ce phénomène à une légère dé-saturation du matériau induite par l'essai précédent (de mesure de pression de percée). Les différences de pression totale quand on passe d'une injection sur une face puis sur deux faces sont cohérentes avec l'hypothèse d'une distribution de pression d'eau qui est linéaire dans l'échantillon (toujours couplée avec un comportement assumé de type Terzaghi, i.e. avec un coefficient de Biot de 1). A l'issue du processus complet de gonflement, la pression effective est maintenant de 7,88MPa : elle est légèrement supérieure à la pression effective mesurée pour les échantillons A1, A2 ou A3. C'est un phénomène usuel, que nous avons pu observer au cours de nos expérimentations, dans lesquelles le matériau est successivement soumis à des cycles de pression d'eau, puis de pression de gaz (éventuellement soumis à un séchage modéré dû à l'arrêt inévitable d'injection d'eau pour mesurer les pressions de percée). Après l'ensemble de ces opérations, la re-saturation conduit ainsi à une pression effective de gonflement plus grande que lors de la première saturation, ce qui est le signe que les diverses opérations ont modifié la microstructure du matériau et que son gonflement en tube (associé à des sur-pressions de gaz) a certainement modifié sa densité sèche. Ce point particulier mériterait des investigations plus poussées. Le même phénomène est observé pour l'échantillon B2, voir Figures V.12 (a) et (b), avec une pression de gonflement effective de 7,40MPa en fin de processus. Cette valeur est proche de celle de 7,88MPa obtenue pour B1.

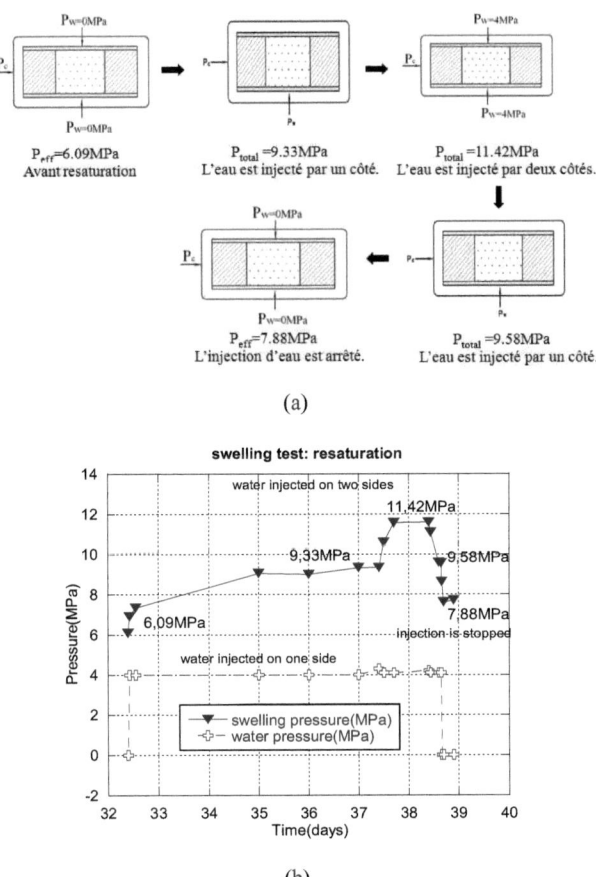

Figure V.11 (a) Description du processus de re-saturation de l'échantillon B1; (b) évolution de la pression de gonflement avec le temps pendant le processus de re-saturation: échantillon B1.

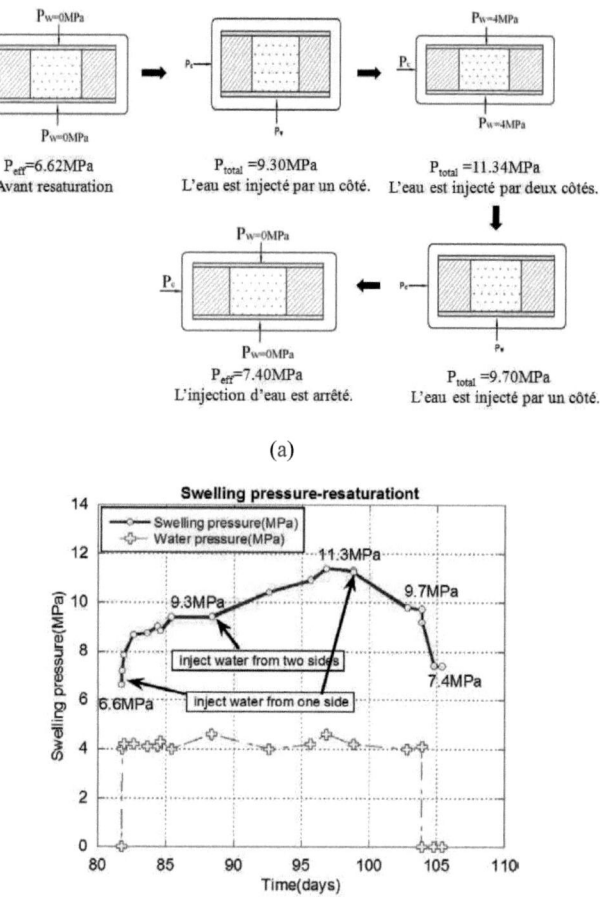

Figure V.12 Echantillon B2: (a) Description du protocole de re-saturation suivi ; (b) évolution de la pression de gonflement avec le temps pendant la re-saturation.

A la suite des opérations de re-saturation, la pression de percée a de nouveau été mesurée pour B1 et B2 : le résumé des résultats est présenté dans le Tableau IV.6. On note les gains importants en terme de pression effective de gonflement, en relation avec de très importantes augmentations des pressions de percée, qu'elles soient discontinues ou non. On retrouve, pour B1, des caractéristiques proches de celles de l'échantillon A3 qui avait été imbibé par contact direct avec l'eau, avec une valeur de la pression de percée discontinue de 3,57MPa et de 8,53MPa pour le passage continu. L'échantillon B2 montre en revanche un comportement un peu surprenant puisque, malgré une pression de passage discontinue comparable à celle des autres échantillons, la pression continue est beaucoup plus grande et il n'a pas été possible de la mesurer (la pression limite du gaz du dispositif ayant été atteinte). Elle est donc supérieure à 9,8MPa. Cela signifie que l'échantillon est très bien re-saturé, et qu'il est même difficile d'obtenir le passage à une pression légèrement supérieure à sa pression de gonflement : il faut imposer une pression beaucoup plus élevée que P_{gonfl}.

Tableau V.6 Résumé des résultats des essais de percée après re-saturation

Échantillon	P_{gaz} appliquée (MPa)	P_{total} (MPa)	P_{eff} (MPa)	P_{dis} (MPa)	P_{con} (MPa)	Note
B1	4	12,56	6,86	1,01	2,16	Premier test
	0	11,42	7,88	3,57	8,53	Après re-saturation
B2	4	10,72	6,93	0,60	2,50	Premier test
	0	11,30	7,40	4,00	>9,80	Après re-saturation

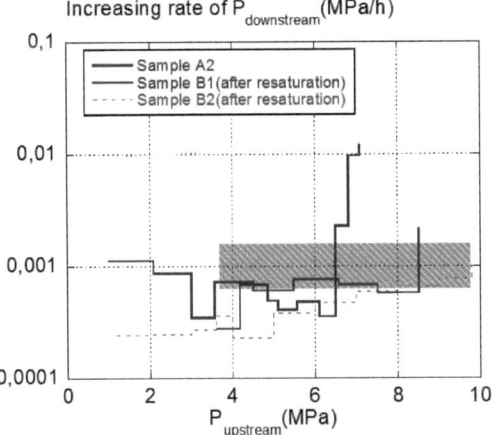

Figure V.13 Relation entre la pression amont et le débit de gaz aval pour les échantillons A2, B1 (après re-saturation) et B2 (après re-saturation).

Par ailleurs, voir Figure V.13, nous constatons pour B1 et B2, comme pour A2, que le taux d'augmentation de la pression aval est d'au moins un ordre de grandeur de 0,001MPa/h lorsque l'on commence à détecter un débit de gaz continu. Ce pourrait être un critère pour nous aider à juger si le phénomène de percée du gaz est discontinu ou continu.

V.3 Effet de la hauteur d'échantillon sur la pression de gonflement et la pression de percée

Pour évaluer un possible effet d'échelle sur la pression de gonflement et la pression de percée de gaz des plugs de bentonite-sable, nous avons réalisé un essai avec un échantillon A4 de 50mm de hauteur (au lieu de 25mm).

V.3.1 Pression de gonflement

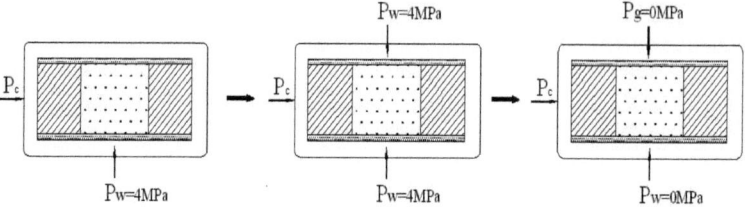

Figure V.14 Protocole de gonflement de l'échantillon A4, de hauteur H = 50 mm (deux fois plus long que les échantillons A1, A2 et A3 soumis à un protocole similaire, i.e. sans pression de gaz).

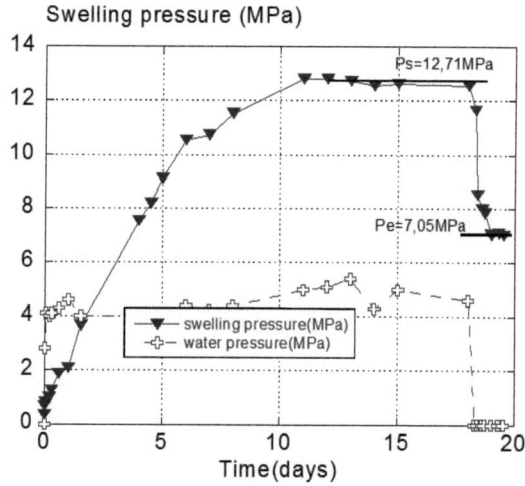

Figure V.15 Evolution de la pression de gonflement avec le temps pour l'échantillon A4.

Comme le montre la Figure V.14, l'eau a d'abord été injectée à partir du côté amont seulement, puis sur les deux côtés pour accélérer la vitesse de saturation. La Figure V.15 présente l'évolution de la pression de gonflement de l'échantillon A4 en fonction du temps. On peut remarquer que la pression de gonflement totale est d'environ 12,71MPa, tandis que la pression effective de gonflement est de 7,05MPa. La différence entre ces deux valeurs est de 5,66MPa: elle est supérieure à la même différence mesurée pour les échantillons A1 et A2 (environ 1 MPa), et également à celle de A3 (d'environ 2 MPa). L'explication peut être trouvée à partir des Figure V.14 et Figure V.15, où la pression d'eau moyenne est mesurée à environ 5 MPa pendant la dernière période, entre le 10ème et 18ème jour. Cette pression d'eau réelle, supérieure à celle imposée en théorie, peut conduire à une diminution de la pression de gonflement de 5 MPa lorsque l'injection d'eau est arrêtée. D'autre part, on constate que la pression effective de gonflement est proche de la valeur obtenue pour les échantillons A1~A3 (H=25mm), à savoir 7~8MPa. Cela signifie que le changement de taille de l'échantillon n'affecte pas ses caractéristiques de gonflement.

V.3.2 Effet de couplage entre la pression du gaz et de la déformation de la bentonite-sable pour l'échantillon A4

La deuxième partie de l'essai vise à préciser l'effet de couplage entre la pression de gaz et la pression de gonflement pour cet échantillon A4. Le protocole expérimental suivi est illustré à la Figure V.16. Une pression de gaz de 6MPa est d'abord imposée du côté amont jusqu'à stabilisation de la pression totale de gonflement, puis des deux côtés (jusqu'à stabilisation également). On diminue ensuite la pression de gaz à 2 MPa (jusqu'à stabilisation). Chaque étape dure plusieurs jours pour atteindre la stabilisation de P_{total}. On effectue ensuite un deuxième cycle identique : P_{gaz}=6MPa puis 2MPa (jusqu'à stabilisation de P_{total}). La pression de gaz est finalement remise à 0 pour mesurer la pression effective en fin de cycle.

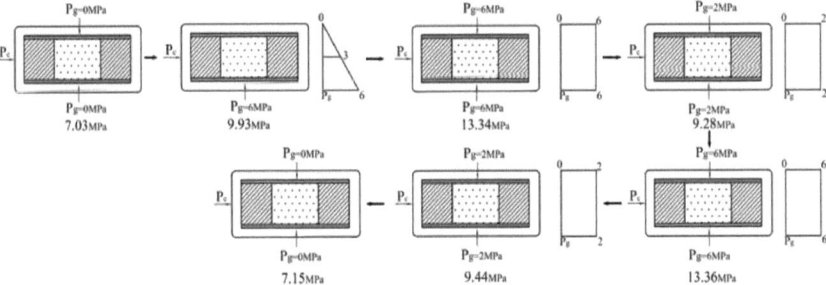

Figure V.16 Protocole expérimental du test « couplage gaz/eau » pour l'échantillon long A4, avec l'indication des pressions totales de gonflement en dessous du schéma de chaque étape (P_{total}=7,03MPa, 9,93MPa, 13,34MPa, 9,28MPa, 13,36MPa, 9,44MPa, et 7,15MPa).

Comme le montre la Figure V.16, lorsque la pression P_{gaz}=6 MPa est appliquée, il y a un effet immédiat sur la pression de gonflement totale : elle augmente de 7,03 MPa à 9,93 MPa, i.e. de 2,90MPa soit près de 3MPa. Cette augmentation correspond à la valeur de pression interstitielle au niveau des jauges, si l'on suppose une répartition linéaire de cette pression (depuis la face amont à 6MPa jusqu'à la face aval à 0MPa): c'est également l'augmentation moyenne de contrainte totale selon Terzaghi. La pression de gonflement est stable à cette valeur jusqu'à ce que la pression de gaz soit imposée des deux côtés. Alors, si on suppose toujours une répartition linéaire de la pression appliquée, entre 6MPa (face amont) et 6MPa (face aval), l'augmentation totale de la pression interstitielle sous les jauges est également de 6MPa (3MPa lorsqu'on applique P_{gaz}=6MPa en face amont seulement, et 3MPa supplémentaires lorsqu'on applique P_{gaz}=6MPa en face aval également). Après deux ou trois jours, la pression de gonflement augmente de 3,41MPa, pour passer à 13,34 MPa. Cela confirme le comportement de type Terzaghi: transmission intégrale de la pression au matériau, avec une hypothèse de répartition linéaire à partir des extrémités de l'échantillon.

Les déchargements successifs de la pression de gaz confortent cette même analyse d'un comportement de type Terzaghi, voir Figs. V.16 et V.17: par exemple, lorsqu'on applique 2MPa des deux côtés de l'échantillon (au lieu de 6MPa, i.e. une diminution de 4MPa), la pression totale de gonflement chute de 13,34 à 9,28MPa, soit une diminution de 4,06MPa ; lors de la ré-augmentation à P_{gaz} = 6MPa des deux côtés, la pression totale de gonflement est P_{total} = 13,36MPa au lieu de 13,34MPa (i.e. une valeur très proche) lors du cycle précédent, puis lorsque P_{gaz} = 2MPa des deux côtés, P_{total} = 9,44MPa (au lieu de 9,28MPa lors du cycle précédent). Au final, à l'issue du cycle complet, la pression de gonflement effective est passée de 7,03MPa à 7,15MPa. Cette différence n'est pas significative, étant donné la dispersion des moyens de mesure par jauges ; à ce stade, la surpression de gaz, imposée à l'échantillon, est sans effet sur la pression de gonflement effective.

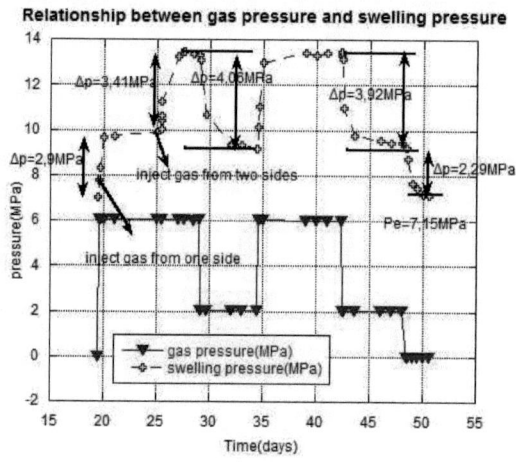

Figure V.17 Résultats de l'essai de couplage eau/gaz sur l'échantillon A4 (H=50mm): évolution de la pression totale de gonflement et de la pression de gaz appliquée, en fonction du temps.

V.3.3. Re-saturation de l'échantillon A4

Dès la fin du cycle précédent d'injection de gaz, une pression d'eau directe de 4MPa est imposée d'un côté, des deux côtés puis à nouveau d'un seul côté (toujours jusqu'à stabilisation de la pression de gonflement totale), pour re-saturer l'échantillon dans des délais raisonnables, voir Figure V.18.

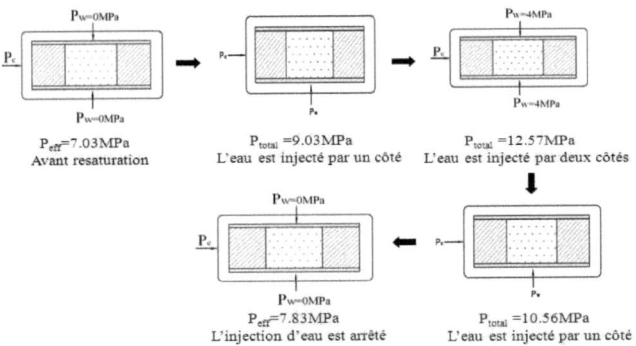

Figure V.18 Processus expérimental de re-saturation de l'échantillon A4 (H=50mm)

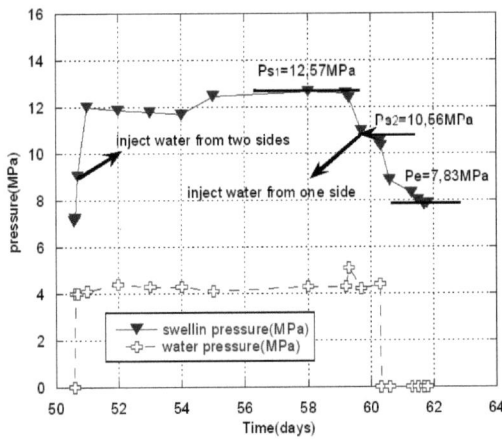

Figure V.19 Résultats du test de re-saturation de l'échantillon A4 (H=50mm) après le cycle d'injection de gaz : évolution de la pression de gonflement et de la pression d'eau en fonction du temps.

La Figure V.19 montre l'évolution de la pression de gonflement en fonction du temps durant ce processus. Il est très intéressant de noter qu'entre la phase initiale et la stabilisation avec une pression d'eau des deux côtés, la pression de gonflement augmente d'environ 5,54 MPa, alors que la pression de l'eau est de à 4MPa (notons cependant que cette valeur est une valeur relevée sur le manomètre de la pompe Gilson – précis à 0,5MPa). Ceci indique néanmoins que l'augmentation de la pression de gonflement est supérieure à la pression de l'eau. Ceci est attribué au fait que le mélange de bentonite-sable n'est pas complètement saturé avant la ré-injection d'eau, engendrant ainsi une petite reprise du gonflement. Cette saturation insuffisante peut être due à une légère dé-saturation causée par le test de couplage eau/gaz précédent (le gaz injecté à chaque étape étant de l'argon pur à 98%, donc essentiellement sec).

A la fin de l'ensemble du protocole de re-saturation, la pression effective de gonflement est d'environ 7,83 MPa : elle est un peu plus élevée que celle des échantillons A1, A2 et A3 soumis à P_{gaz}=0MPa et de hauteur 25mm seulement. Un phénomène similaire d'augmentation de la pression effective de gonflement a déjà été constaté lors du test de re-saturation des échantillons B1 et B2, indiquant que les diverses opérations ont modifié la microstructure du matériau et son gonflement dans le tube (en lien avec une surpression de gaz). La valeur de $P_{\it{eff}}$ reste malgré tout proche des valeurs mesurées pour les échantillons A1, A2 et A3 (deux fois moins longs), ce qui maintient notre conclusion sur l'absence d'effet d'échelle sur la pression effective de gonflement des bouchons. Par contre, il est surprenant que la chute de pression de gonflement entre la phase où on injecte P_w=4MPa des deux côtés et celle où on arrête entièrement Peau est supérieure à 4MPa (elle vaut 4,74MPa). Ce point fait partie des points à vérifier dans un futur proche.

Tableau V.7 Résultats de percée de gaz pour l'échantillon A4.

P_{amont}	P_{aval}	$V_{détecteur}$	K_g	Q_g	Passage de gaz ?	
(MPa)	(MPa)	(10^{-4} ml/s)	(10^{-20} m^2)	(10^{-4} MPa/h)	oui/non	
1,01	0,204	2~3	-	7,15	non	
2,11	0,054	0~1	-	7,58		
3,02	0,045	3~4	-	4,73	oui	discontinu
3,54	0,045	1~3	-	4,10		
4,53	0,048	1~2	-	4,13		
5,53	0,096	3~4	-	3,53		
6,46	0,047	3~4	-	4,05		
7,53	0,1	3~4	-	4,03		
8,50	0,044	3~4	26,4~30,9	7,75		continu
9,45	0,118	2~8	30,1~50	7,15		

V.3.4 Essai de percée de gaz

Après la re-saturation de l'échantillon A4, le Tableau V.7 résume les résultats de pressions de percée de gaz, et qui correspondent à des flux de gaz discontinu puis continu. Comme pour tous les échantillons de type A, on trouve une pression de percée discontinue de gaz aux environs de 3MPa et une pression de percée continue vers 8,5MPa. Cela signifie que l'augmentation de la longueur de l'échantillon n'a pas eu d'effet significatif sur l'amplitude de la pression de percée et donc sur la « qualité » de la saturation. Un flux continu de gaz est observé lorsque la pression de gaz dépasse la pression effective de gonflement, ce qui concorde aussi avec les résultats de la Série A. A ce stade, la réponse sur la localisation exacte du passage du gaz – via le matériau ou à l'interface – n'est pas réglée, et sera l'objet d'une étude présentée au Chapitre VI.

V.4 Conclusion

Ce chapitre présente plusieurs points intéressants sur le comportement du mélange bentonite-sable sous l'effet d'un gaz sous pression pendant son imbibition. Pour évaluer l'impact du gaz sur la saturation du matériau, nous avons utilisé un dispositif de mesure de pression de percée de gaz, qui est très sensible à une saturation imparfaite du matériau poreux. La percée du gaz à travers le milieu s'opère d'abord par un passage discontinu (écoulement intermittent) puis un passage franc et continu qui permet de mesurer une perméabilité significative de l'échantillon bouchon+tube aluminum-plexiglas.

Nous avons ainsi montré que la présence de gaz sous pression, lors de la saturation en eau, joue un rôle notable sur la pression effective de gonflement. Pour une pression de gaz égale à la pression d'eau (P_{gaz} = 4MPa), cette influence est peu sensible (légère réduction de la pression de gonflement), mais pour une pression d'injection de gaz égale à deux fois la pression d'eau (P_{gaz} = 8MPa) il y a une chute très sensible de cette pression effective. A la suite du gonflement partiel (P_{gaz} = 8MPa), la poursuite de l'essai à une pression plus faible (P_{gaz} = 6MPa) permet de compléter la saturation et d'augmenter la pression effective.

La pression de percée est un outil qui a permis d'évaluer la « qualité » de la saturation. Pour les échantillons dont la saturation était avérée (A1, A2 et A3, sans pression de gaz), on a obtenu une pression de percée continue P_{cont} légèrement supérieure à la pression effective de gonflement P_{eff} : P_{cont} vaut 7,1 et 8,1MPa, alors que P_{eff} vaut entre 7,16 et 7,59MPa. Sinon, quelle que soit la pression de gaz (4, 6 ou 8MPa), nos essais ont montré que la saturation d'est pas complète. À P_{gaz} = 6 et 8MPa, l'échantillon est presqu'immédiatement perméable, preuve que le matériau est loin d'être saturé.

L'augmentation de la longueur de l'échantillon (elle est multipliée par deux) a peu d'influence sur les propriétés de gonflement et la pression de percée. Il ne semble donc pas qu'il y ait d'effets d'échelle significatifs.

Enfin, tous ces essais nous ont permis de vérifier que l'hypothèse d'un matériau de Terzaghi (coefficient de Biot égal à 1), mais certaines dispersions de nos moyens de mesures, insuffisamment fins pour contrôler les effets de couplage fluide-squelette dans ce type de matériau, nous conduisent à rester prudent sur l'impact de cycles successifs – montée en pression de gaz, d'eau etc… Ceci sera l'objet de tests dédiés prévus dans un proche avenir.

Chapitre VI - Perméabilité à l'eau et pression de percée de l'interface bentonite-sable/argilite

Sommaire

Chapitre VI - Perméabilité à l'eau et pression de percée de l'interface bentonite-sable/argilite 132

    VI.1 Gonflement et pression de percée d'un bouchon de bentonite-sable sans tube (échantillons D1 et D2) 133

        VI.1.1 Essai de gonflement 133

        VI.1.2 Essai de percée 135

    VI.2 Gonflement et pression de percée d'un bouchon de bentonite-sable avec tube à surface interne rainurée (échantillons E1 et E2) 137

        VI.2.1 Essai de gonflement 137

        VI.2.2 Essai de percée 139

    VI.3 Gonflement et pression de percée d'une maquette argilite-bentonite (échantillons F1 et F2) 143

        VI.3.1 Essai de gonflement 143

        VI.3.2 Essai de percée 145

    VI.4 Conclusion 148

Introduction

Ce chapitre évalue les pressions de gonflement et de percée de bouchons compactés de mélange bentonite-sable, dans des conditions d'environnement différentes de celles du Chapitre V, voir Tableau VI.1 :

1) gonflement sans tube plexiglas-aluminium (directement dans la manchette utilisée pour la mise en cellule hydrostatique),
2) gonflement dans un tube d'aluminium dont la surface intérieure est rainurée, pour rendre le passage de gaz éventuel plus difficile par la présence des chicanes générées par les rainures,
3) gonflement dans un tube d'argilite lisse.

L'objectif de ces tests est aussi de déterminer par où passe le gaz : par l'interface tube/bouchon ou à travers les matériaux (i.e. à travers le bouchon gonflé) ?

Tableau VI.1 Définition des essais présentés dans ce chapitre

Échantillon	P_w (MPa)	P_g (MPa)	Note
D1	1,5	0	Gonflement sans tube
D2	1,5	0	
E1	4	0	la surface intérieure du tube d'aluminium est rainurée
E2	4	0	
F1	4	0	Gonflement dans un tube d'argilite, dont la surface intérieure est lisse
F2	4	0	

VI.1 Gonflement et pression de percée d'un bouchon de bentonite-sable sans tube (échantillons D1 et D2)

VI.1.1 Essai de gonflement

Comme le montre la Figure VI.1, nous avons choisi d'injecter l'eau en amont à une pression P_w = 1,5MPa et avec un confinement P_c = 2,5MPa, afin de ne pas modifier significativement la microstructure des bouchons (densité sèche essentiellement), puisqu'ici, ils ne sont plus maintenus dans un tube en plexiglas-aluminium. Sur la base des résultats expérimentaux précédents, cette phase doit durer au moins un mois avant que le plug de bentonite-sable ne soit complètement saturé. Il s'agit d'une durée estimée à partir des essais précédents, car on n'a pas ici de moyen de mesure de la pression de gonflement – il faudrait pouvoir faire la mesure directement à la surface du bouchon. C'est ici la mesure de la perméabilité à l'eau qui va permettre de juger de la saturation complète du plug. Au terme d'un mois, on stoppe l'alimentation en eau. Cette phase dure au moins 72 heures afin de ré-équilibrer la pression interne de l'eau à la pression atmosphérique, et de vérifier qu'aucun gaz n'est présent à l'intérieur de l'eau, car cela pourrait perturber les mesures de migration de gaz (i.e. on vérifie qu'il n'y a pas de dégazage). Ensuite, on augmente la pression de confinement P_c à 7MPa, qui est une valeur similaire à la pression de gonflement *in situ* (à saturation complète), et les tests de percée de gaz sont réalisés via des petits paliers d'augmentation de la pression, jusqu'à un maximum de 6MPa. Si le passage continu n'est pas obtenu à P_c=7MPa et P_{gaz}=6MPa, on augmente progressivement P_c jusqu'à 12MPa, et P_{gaz} jusqu'à 11MPa. Par rapport aux tests précédents, il faut assurer une bonne étanchéité entre la jaquette en Viton^{TM} et le bouchon qui a gonflé, ce qui ne peut être fait qu'en augmentant le confinement. D'autre part, il faut que la pression d'injection (de gaz ou d'eau) soit inférieure à la valeur retenue pour le confinement (du fait de la construction du dispositif expérimental). On n'a pas jugé utile d'aller au-delà de P_c=12MPa, qui est la valeur de la contrainte principale moyenne prévue *in situ*.

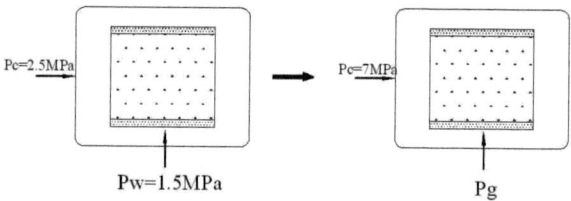

Figure VI.1 Protocole expérimental pour l'essai de gonflement et l'essai de percée de gaz des échantillons D1 et D2

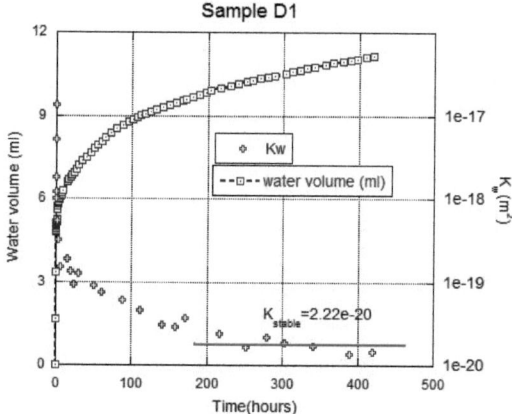

Figure VI.2 Résultats des essais de gonflement en terme de volume d'eau injecté et de perméabilité à l'eau associée : échantillon D1.

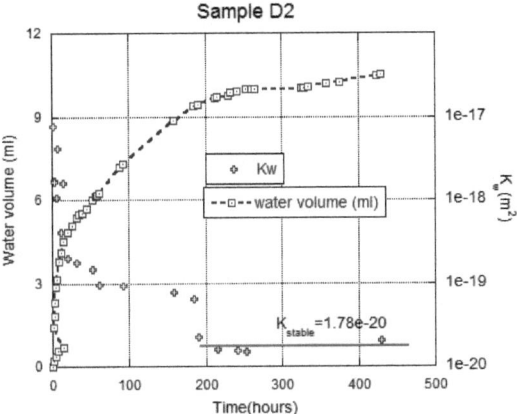

Figure VI.3 Résultats des essais de gonflement en terme de volume d'eau injecté et de perméabilité à l'eau associée: échantillon D2.

Les Figure VI.2 et VI.3 présentent les résultats des tests de gonflement des deux échantillons D1 et D2 : il s'agit de l'évolution du volume d'eau injectée dans le plug et la perméabilité à l'eau. Comme le montrent les figures, la perméabilité à l'eau des deux échantillons se stabilise après environ 200 heures d'injection. Elle est initialement comprise entre $7{,}62 \times 10^{-18}$ ~$1{,}33 \times 10^{-17}$ m², ce qui est un peu plus faible que la perméabilité au gaz initiale du mélange bentonite-sable, celle-ci se situant à environ $1{,}73 \times 10^{-17}$ m² à P_c=3MPa (pour l'échantillon S3-9). La saturation et le gonflement du matériau vont provoquer une diminution progressive de la perméabilité à l'eau, jusqu'à une valeur stable de $2{,}22 \times 10^{-20}$ m² (Échantillon D1) ou $1{,}78 \times 10^{-20}$ m² (Échantillon D2). Ces valeurs sont beaucoup plus faibles que la perméabilité au gaz à l'état sec de bouchons compactés de façon similaire, voir Chapitre IV : à l'état sec, l'ordre de grandeur de la perméabilité au gaz est de 10^{-14} m², soit 6 ordres de grandeur de plus que la perméabilité à l'eau à stabilisation.

Remarque: Lors de l'application d'un gradient de pression d'eau sur un matériau partiellement saturé, le débit d'eau à travers les pores peut être divisé en deux parties : une partie représente le flux d'eau à travers les pores saturés Q_{per} et l'autre, le flux d'imbibition capillaire à travers les pores vides Q_{cap} (Liu, 2012). Dans nos calculs de perméabilité à l'eau avant la saturation complète, nous considérons l'effet de Q_{per} et négligeons l'influence de Q_{cap}.

VI.1.2 Essai de percée

On met ensuite en œuvre les essais de percée. Comme le montre le Tableau VI.2, on ne détecte pas d'écoulement continu pour D1 aux pression de gaz utilisées, mais un écoulement intermittent à P_c = 11MPa et P_g = 9MPa. Malgré l'augmentation du confinement jusqu'à 12MPa, on n'arrive pas à obtenir une pression de percée continue inférieure ou égale à 11MPa.

Tableau VI.2 Résultats de l'essai de percée de gaz : Échantillon D1

P_c	P_{amont}	P_{aval}	Q_g	$V_{détecteur}$ (10^{-4}ml/s)		Passage?
MPa	MPa	10^{-2}MPa	10^{-4} MPa/h	0~10 sec	>1h	Oui/Non
7,00	1,56	0,711	2,00	0	0	Non
7,00	2,00	0,825	4,00	0	0	
7,50	3,10	0,558	3,20	0	0	
7,55	4,10	0,583	2,50	0	0	
7,86	4,96	0,498	2,60	0	0	
7,65	5,93	1,941	2,80	0	0	
8,66	7,08	0,654	3,40	0	0	
10,23	8,00	0,852	6,30	0	0	
11,21	9,00	1,601	5,60	1~2	0	Oui-discontinu
11,50	9,60	0,577	4,60	0	0	
11,60	10,90	0,492	5,20	0	0	

Tableau VI.3 Résultats de l'essai de percée de gaz : Échantillon D2

P_c	P_{amont}	P_{aval}	Q_g	$V_{détecteur}$ (10^{-4}ml/s)		Passage?
MPa	MPa	10^{-2}MPa	10^{-4} MPa/h	0~10 sec	>1h	Oui/Non
6,40	1,09	0,67	4,21	0	0	Non
5,60	2,12	0,91	0,22	-2	0	Oui/discontinu
7,70	2,97	1,56	2,71	-2	0	
8,00	4,02	1,21	2,09	-4	0	
8,06	5,09	1,92	3,29	-4	0	
7,80	6,05	0,96	2,49	-2	0	
8,78	6,95	1,06	5,04	-4	0	
9,99	7,97	1,16	6,53	-2	0	
12,00	9,09	3,66	5,62	-4	0	
11,20	10,05	1,00	5,25	-2	0	

Pour l'échantillon D2, le résultat de l'essai de percée est un peu différent : l'écoulement intermittent/discontinu est détecté à une pression de gaz significativement plus faible que pour

D1, à une valeur de P_g = 2,12MPa, voir Tableau VI.3. Par contre, comme pour D1, on n'obtient jamais l'écoulement continu. Ce point rejoint l'étude sur la perméabilité liée au niveau de saturation et au confinement du Chapitre IV, où nous avons vu qu'un sur-confinement diminue drastiquement la perméabilité au gaz, ce qui est susceptible d'empêcher la percée continue du gaz. Le passage intermittent pour D2 à une pression de gaz réduite est en ce sens un peu surprenant, et nous préférons conclure que la pression de percée continue ne peut jamais être inférieure soit à la pression de gonflement (en présence d'un tube extérieur), soit – ici (sans tube)– à la pression de confinement. Cet essai ne permettra donc pas d'évaluer la pression de percée continue, car la bonne étanchéité du montage impose un confinement toujours supérieur à la pression d'injection de gaz.

VI.2 Gonflement et pression de percée d'un bouchon de bentonite-sable avec tube à surface interne rainurée (échantillons E1 et E2)

VI.2.1 Essai de gonflement

Comme nous l'avons vu au Chapitre V, le gaz migre à travers le montage tube-bentonite, lorsque sa pression excède la pression effective de gonflement. A ce stade, on ne peut conclure sur le lieu de passage : à l'interface tube-bentonite ou à travers la bentonite. Un essai a été spécifiquement conçu, qui utilise un tube dont la surface interne est rainurée (et pas filetée), afin de répondre à cette question, voir Figure VI.4. En effet, la présence de rainures crée une zone de contact tube-bouchon via laquelle la circulation de gaz est rendue très difficile (création de chicanes). C'est à nouveau la mesure de la perméabilité à l'eau qui permet de juger de la saturation complète du bouchon (pas de jauges en face extérieure du tube).

Figure VI.4 Le tube d'aluminium rainuré utilisé dans les essais sur les échantillons E1 et E2.

La phase de gonflement est menée à une pression de confinement de 7-8MPa, et l'essai de percée est effectué à P_c=12MPa, du fait de la présence du tube, voir Figure VI.5. La procédure de gonflement préliminaire utilise le contact direct avec 4MPa de pression d'eau, et un protocole identique à celui de l'échantillon A4 : en phase I, l'eau est injectée seulement du côté amont jusqu'à stabilisation de la pression totale de gonflement, puis (phase II), l'eau est injectée à partir des deux côtés. Dès que l'échantillon est complètement saturé, ce qui est jugé par la valeur de la perméabilité à l'eau (K_w), l'essai de percée de gaz est mené par petits paliers d'injection jusqu'à 10-10,5MPa (limite de capacité de la bouteille d'argon utilisée).

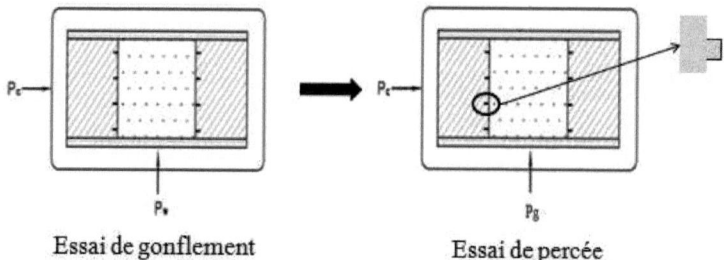

Figure VI.5 Protocole expérimental pour les échantillons E1 et E2, avec surface intérieure rainurée pour le tube.

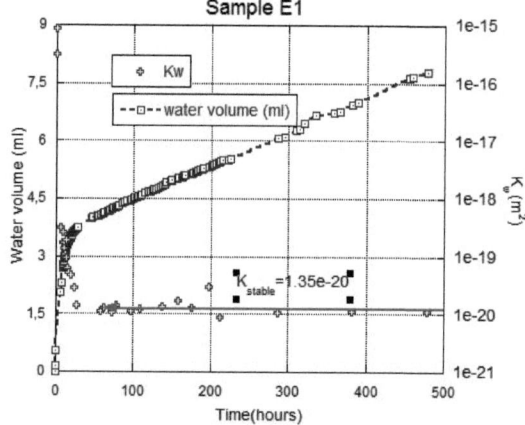

Figure VI.6 Résultats pour la phase de gonflement: Échantillon E1.

Les Figures VI.6 et VI.7 montrent les résultats obtenus durant le gonflement en terme de volume d'eau injecté et de perméabilité à l'eau en fonction du temps. Les cinétiques de gonflement des échantillons E1 et E2 sont identiques : la perméabilité à l'eau se stabilise après une injection d'eau de 40 ~ 50 heures. Lorsque l'on compare avec les échantillons D1 et D2, la cinétique de gonflement des échantillons E1 et E2 est plus rapide. La différence peut être due à la pression d'injection d'eau P_w qui est différente : P_w=1,5 MPa pour D1 et D2, contre 4MPa pour E1 et E2. Une pression d'injection d'eau plus élevée accélère la cinétique de gonflement de l'échantillon, voir Chapitre IV.

Pour l'échantillon E1, la perméabilité à l'eau initiale est de $1{,}72 \times 10^{-16}$ m^2, ce qui est plus élevé que la perméabilité à l'eau initiale des échantillons D1 et D2 ($7{,}62 \times 10^{-18} \sim 1{,}33 \times 10^{-17}$ m^2) : en effet, il existe un jeu initial de mise en place entre le plug et le tube, qui augmente la capcité de transfert d'eau initiale. Par conséquent, la mesure de perméabilité initiale à l'eau K_{ini-w} n'est qu'indicative. L'eau s'écoule à l'interface tube-plug, et quelques minutes plus tard, on observe la coupure hydraulique, qui peut être attribuée à l'augmentation de la saturation du bouchon et au début de l'étanchéification de l'interface (due au gonflement du bouchon), voir Figure VI.6. La perméabilité diminue assez vite à $3{,}09 \times 10^{-19}$ m^2 puis elle continue de baisser jusqu'à atteindre une valeur stable de $1{,}35 \times 10^{-20}$ m^2, qui est légèrement plus faible que les valeurs à stabilisation de D1 et D2 (respectivement $2{,}22 \times 10^{-20}$ m^2 et $1{,}78 \times 10^{-20}$ m^2). Comme la saturation en eau de ces échantillons (E1, D1 et D2) est complète, l'explication de cette observation ne peut venir que de la différence de pression de confinement entre les échantillons D (P_c=2,5-3MPa) et E (P_c=7-8MPa). A ces valeurs, le confinement a donc une influence limitée sur la perméabilité à l'eau des bouchons.

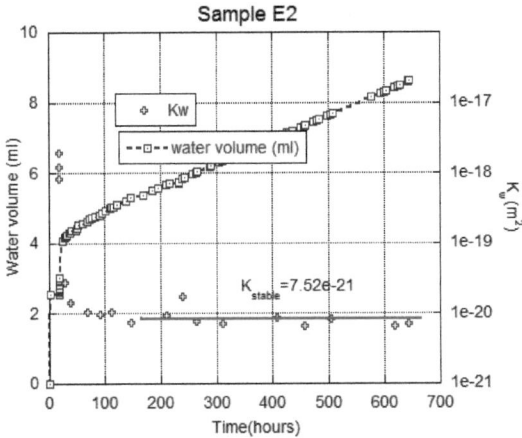

Figure VI.7 Résultats pour la phase de gonflement: Échantillon E2.

Pour l'échantillon E2, la coupure hydraulique se produit également en quelques minutes, voir Figure VI.7. La perméabilité à l'eau est mesurée après l'apparition de cette coupure hydraulique. Elle diminue rapidement, jusqu'à se stabiliser à une valeur d'environ $7{,}5 \times 10^{-21}$ m^2, plus basse que celle de E1 (et de D1 et D2).

VI.2.2 Essai de percée

Les Tableau VI.4 et VI.5 résument les résultats des tests de percée de gaz des échantillons E1 et E2. Pour l'échantillon E1, le passage de gaz discontinu est détecté à P_g = 4 ~ 5 MPa, alors que cette valeur est d'environ 10MPa pour l'échantillon E2. Des phénomènes similaires, déjà observés lors des essais précédents, sont confirmés : l'écoulement intermittent de gaz n'est pas stable et reproductible, i.e. la pression discontinue de gaz n'est pas reproductible d'un essai à l'autre. Pour E1, nous n'obtenons pas de pression de percée continue même à P_{gaz}=10 MPa d'injection (valeur limite du dispositif).

Tableau VI.4 Résultats de l'essai de percée de gaz : Échantillon E1

P_c	P_{amont}	P_{aval}	Q_g	$V_{détecteur}$ (10^{-4}ml/s)		Passage?
MPa	MPa	10^{-2}MPa	10^{-4} MPa/h	0~10sec	>1h	Oui/Non
12	1	0,5	0,421	0	0	Non
	2	0,41	1	0	0	
	3	0,8	1,11	0	0	
	4	0,48	1,2	0	0	
	5	0,44	1,12	0~2	0	Oui (discontinue)
	6	2,07	2,44	0~1	0	
	7	0,42	2,07	0~1	0	
	8	0,57	2,65	0~2	0	
	9	0,85	4,11	0~1	0	
	9,5	0,94	4,66	0	0	
	10	1,03	4,79	0~2	0	
	10,5	1,08	4,46	0	0	

Cependant, en maintenant P_{gaz}=10MPa pendant 6 jours et 20h supplémentaires, un flux continu de gaz est détecté pour l'échantillon E2, voir Tableau VI.5. On peut attribuer ce phénomène à la diminution progressive de la saturation en eau de l'échantillon. La pression de gonflement n'a pas été mesurée pour ce dernier échantillon, car le tube n'était pas instrumenté, mais on peut supposer qu'elle est identique à celle obtenue pour d'autres échantillons préparés dans les mêmes conditions.

Comme le gaz ne passe pas franchement après 24h à 10-10,5MPa de pression, alors que pour les échantillons A1 ~ A3 on avait un passage continu à 7-8MPa après le même temps d'attente, voir Tableau VI.6, on peut logiquement estimer que dans les essais en présence d'une surface de tube lisse, le gaz passait à l'interface, et non à travers la matrice du matériau. En présence d'un tube rainuré, le gaz peut passer à l'interface, mais avec plus de difficulté, ou via le matériau gonflé, d'où une pression de percée significativement plus élevée (au-delà de P_{gaz}=10MPa pour le passage continu).

Un phénomène similaire a été observé par d'autres chercheurs, qui observent que les interfaces entre l'argile gonflante et un autre matériau (argilite, granite, acier) sont des voies préférentielles pour la migration de gaz dans le système saturé (Popp et al., 2013; Davy et al.,

2009 ; Gallé, 2000). Ceci peut être expliqué par la difficulté pour le gaz de traverser le matériau argileux, en raison de pores très fins i.e. d'une pression capillaire très élevée (Push et Forsberg,1983). En revanche les interfaces bentonite/bentonite ne devraient pas être des voies préférentielles pour la migration de gaz en raison de la cohésion entre les plans de contact, quand le système est complètement saturé (Popp et al., 2013).

Tableau VI.5 Résultats de l'essai de percée de gaz : Échantillon E2

P_c	P_{amont}	P_{aval}	Q_g	$V_{détecteur}$ (10^{-4}ml/s)		Passage?	Note
MPa	MPa	10^{-2}MPa	10^{-4} MPa/h	0~10sec	>1h	Oui/Non	
12	1	0,507	0,40	0	0	Non	
	2	1,69	1,13	0	0		
	3	0,759	2,12	0	0		
	4	2,46	2,78	0	0		
	5	1,168	3,13	0	0		
	6	1,078	4,65	0	0		
	7	1,128	4,94	0	0		
	8	1,193	6,14	0	0		
	10	0,414	9,63	0~2	0	Oui (discontinue)	
	10	49	4,1E4	>10	>10	oui (continue)	deuxième fois (après 6 jours et 20h d'attente)

D'autre part, nous avons mesuré que le gaz passe de manière intermittente à partir d'une pression plus faible que la pression de confinement : ceci indique que des chemins préférentiels se sont créés, mais avec un écoulement non stable. On peut penser à des effets de snap off, soit capillaire (Rossen, 2000), soit par micro-fissuration progressive du matériau argileux (Horseman, 1999), voir Chapitre I. Ceci est l'objet d'investigations beaucoup plus poussées que nous sommes en train de mener sur l'argilite et la bentonite.

Quoi qu'il en soit, les pressions de percée obtenues sur l'argilite – qu'elle soit fissurée comme dans l'EDZ (Excavation Damaged Zone) ou intacte (Skoczylas et Davy, 2011; M'Jahad, 2012, Davy et al., 2012), sont toujours significativement plus faibles que les 7MPa (ou plus) mesurés sur les plugs de bentonite-sable, que ceux-ci aient gonflé en présence d'un tube lisse ou rainuré. *In situ*, au niveau de la barrière entre la roche hôte (argilite) et les bouchons gonflants (bentonite/sable), il est donc peu probable que le gaz traverse « en masse » le matériau « bentonite-sable saturé » : il circulera plutôt aux interfaces ou dans l'argilite elle-même.

Tableau VI.6 Résumé des essais de percée des échantillons Ai et Ei. P_{dis} est la pression de percée discontinue; P_{con} est la pression de percée continue.

Échantillon	P_{eff}(MPa)	P_{dis} (MPa)	P_{con} (MPa)	Notes
A1	7,42	4,1	N/A	
A2	7,16	3,6	7,1	la surface intérieure du tube est lisse
A3	7,39	4,6	8,1	
E1	N/A	5~6	> 10	la surface intérieure du tube est rainurée
E2	N/A	10	> 10	

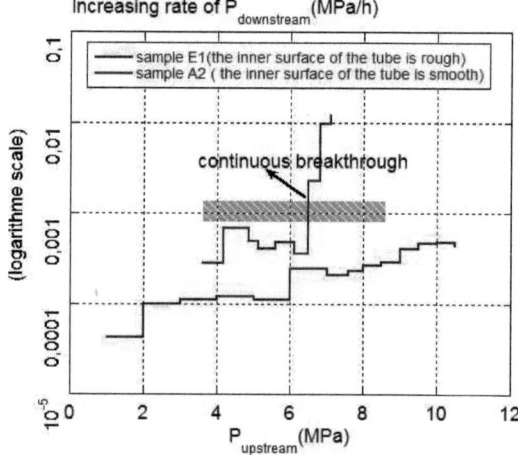

Figure VI.8 Relation entre la pression amont (en abscisses) et la vitesse d'augmentation du débit de la pression aval (en ordonnées): échantillons E1 (tube rainuré) et A2 (tube lisse) de hauteur 25mm.

Pour les échantillons E1 (tube rainuré) et A2 (tube lisse) de même hauteur (25mm), la Figure VI.8 présente la vitesse d'augmentation de la pression aval (évaluée à partir des données du manomètre aval lorsque la chambre aval est fermée), en fonction de la pression amont de gaz appliquée. Elle indique sans ambiguïté que lorsque le seul changement significatif dans les conditions expérimentales est la facilité de passage à l'interface, la pression de passage de gaz est considérablement modifiée : pour $P_{gaz} \leq 10,5$MPa, il n'y a pas de passage franc, tel que mesuré par la vitesse d'augmentation de la pression aval, en présence d'une interface rainurée, contrairement à l'interface lisse, pour laquelle le passage a lieu à $P_{gaz} = 7,1$MPa, voir également Tableau VI.6. Cela signifie que c'est bien l'interface tube-plug qui gouverne le passage du gaz à travers le montage et non le matériau.

VI.3 Gonflement et pression de percée d'une maquette argilite-bentonite (échantillons F1 et F2)

VI.3.1 Essai de gonflement

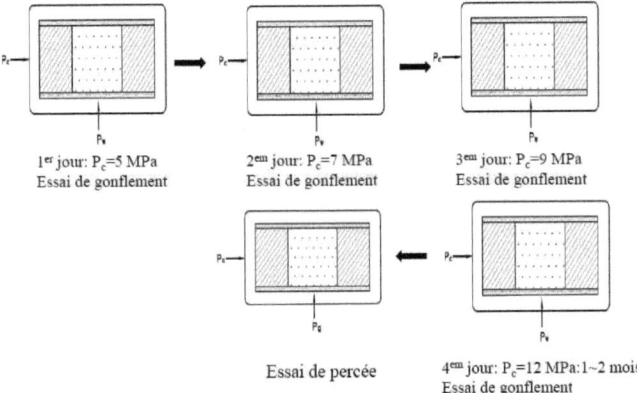

Figure VI.9 Protocole expérimental d'essai du montage bentonite-sable/argilite.

Le montage bouchon bentonite-sable/argilite nécessite une procédure de « réglage ». En effet, le tube d'argilite doit supporter la pression de 7~8MPa de gonflement de la bentonite sur sa surface intérieure, et en même temps une pression de 12MPa de confinement sur sa surface extérieure. Sans aucune précaution, il y a risque de rupture du tube d'argilite fragile avant que la bentonite n'aie achevé son gonflement. Par conséquent, en tenant compte des caractéristiques de gonflement du mélange bentonite-sable (cinétique et pression de gonflement), une chronologie de mise en place de l'essai a été conçue. Tout le protocole pour obtenir le gonflement se déroule en quatre étapes progressives (voir Figure VI.9) :

(1) Un confinement modéré de 5MPa est appliqué à l'ensemble tube d'argilite/bouchon de bentonite-sable placé en cellule hydrostatique, suivi d'une pression d'eau à 4MPa appliquée d'un seul côté à l'ensemble. La coupure hydraulique, déterminée comme pour les essais précédents, est obtenue très vite, au bout de 2~5 h seulement (i.e. le premier jour).

(2) Le 2ème jour, on passe le confinement à 7MPa, et cette valeur est augmentée à 9MPa le 3ème jour.

(3) Le 4ème jour, le confinement est augmenté à sa valeur finale de 12MPa, et la pression de l'eau est toujours maintenue à 4MPa. Cette procédure est basée sur la cinétique de la pression de gonflement des tests précédents. Elle a également été utilisée dans (Davy et al. 2009).

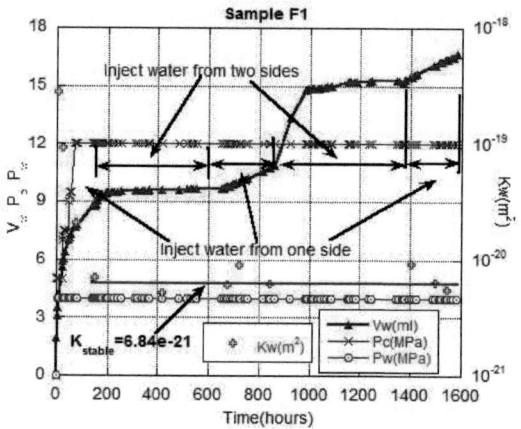

Figure VI.10 Résultats des essais de gonflement: Échantillon F1.

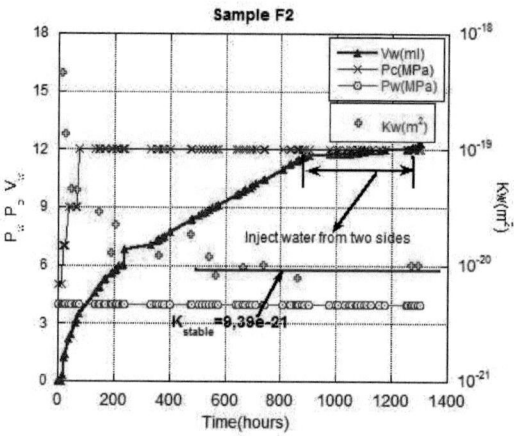

Figure VI.11 Résultats des essais de gonflement: Échantillon F2.

La phase complète de gonflement, selon ce protocole, dure généralement 1~2 mois. Alors l'essai de percée est effectué. En observant que les perméabilités à l'eau à stabilisation sont très faibles (6,5 et 9,4×10^{-21} m^2 pour F1 et F2 respectivement), voir Figures VI.10 et VI.11 ci-dessus, on peut considérer qu'aucune défaillance majeure du montage ne s'est produite, validant ainsi la procédure de gonflement retenue.

Les Figures VI.10 et VI.11 montrent les résultats des tests de gonflement des échantillons F1 et F2. Par rapport aux essais antérieurs, les mêmes tendances sont confirmées : la perméabilité à l'eau du montage bentonite-argilite diminue fortement puis peu à peu devient stable, au terme d'au moins 200 heures (un peu plus de 8 jours). La perméabilité initiale à l'eau du montage plug + tube d'argilite, mesurée après la coupure hydraulique, est comprise entre 2,78 et 4,52 × 10^{-19} m^2. Cette valeur est similaire à celle de l'échantillon E1 après cinq heures d'injection d'eau (3,09×10^{-19} m^2).

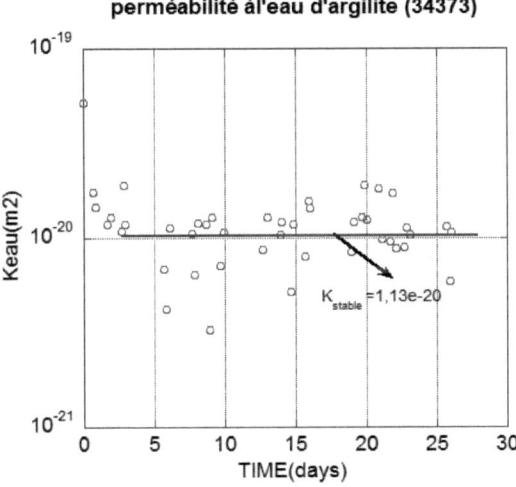

Figure VI.12 Évolution de la perméabilité à l'eau d'un échantillon d'argilite de la carotte EST34373 (Yang, 2012; M'Jahad, 2012).

La perméabilité saturée à l'eau atteint finalement 6,84 × 10^{-21} m^2 pour l'échantillon F1 et 9,39×10^{-21} m^2 pour l'échantillon F2, ce qui est similaire à la perméabilité saturée à l'eau du mélange bentonite-sable (échantillon E2 principalement, les échantillons D1, D2 et E1 ayant une perméabilité à stabilisation plutôt de l'ordre de 10^{-20} m^2). Cela signifie que la perméabilité à l'eau du tube d'argilite complètement saturé K_{sat-w} est similaire ou inférieure à celle du mélange bentonite-sable. D'autres chercheurs de notre laboratoire (Yang, 2012, M'Jahad-2012) ont mesuré la perméabilité saturée à l'eau K_{sat-w} de l'argilite : elle est un peu plus petite que celle du mélange de bentonite-sable et du montage de bentonite-argilite, avec des valeurs de l'ordre de 1,13×10^{-20} m^2 (variant entre 0,32~1,89×10^{-20} m^2), voir Figure VI.12. Cela signifie que la perméabilité saturée à l'eau de l'argilite, du bouchon de bentonite-sable et du montage du bentonite-argilite sont du même ordre de grandeur (10^{-20}-10^{-21} m^2), et que, du fait de ces faibles valeurs, l'étanchéité à l'eau peut être obtenue pour la bentonite, l'argilite et le montage du bentonite-argilite quand ils deviennent complètement saturés.

VI.3.2 Essai de percée

Les Tableaux VI.7 et 8 résument les résultats des tests de percée sur les échantillons tube d'argilite/bouchon de bentonite-sable compacté F1 et F2. On constate que les pressions discontinues de percée du montage bentonite-argilite ne sont pas identiques (donc peu reproductibles). Elle est très faible pour l'échantillon F1, à une valeur de 1,5MPa, alors que cette valeur est d'environ 3,6MPa pour l'échantillon F2. Cette non reproductibilité des pressions de percée discontinue a déjà été observée sur les bouchons de bentonite-sable seuls.

Tableau VI.7 Résultats de l'essai de percée de gaz : Échantillon F1

P_{amont}	P_{aval}	Q_g	$V_{détecteur}$ (10^{-4} ml/s)			K_g	Passage de gaz ?
MPa	10^{-2} MPa	10^{-4} MPa/h	0~10s	>2 min	>1h	10^{-20} m²	Oui/Non
1,00	0,10	0,14	0	0	0		
1,50	0,59	0,95	0~3	0	0		
2,00	0,45	0,92	0~3	0~3	0		
3,00	0,63	2,19	0~3	0	0		Discontinue
4,00	0,59	2,44	3~6	0~2	0		
5,00	1,84	3,20	1~3	1~3	0	-	Oui
6,50	2,11	5,28	0~3	0	0	-	
7,00	37,98	5,09	0~4	1~3	0	5,5	
8,50	1,32	6,07	2~5	1~2	0	4,7	Continue?
9,00	1,25	5,32	3~4	1~2	0	3,6	
10,00	0,62	6,94	10	2~3	2~6	3,4	Continue
10,50	1,63	7,39	10	2	1~2	3,54	

Pour l'échantillon F1, la pression de percée continue est mesurée à une pression de gaz P_g = 7,0MPa ou plus. En effet, à cette valeur de 7MPa, alors qu'on a un débit de gaz non nul au détecteur d'argon (placé en sortie de la cellule, au niveau du robinet de sortie de la chambre aval) pendant les deux premières minutes au moins, aucun débit de gaz n'est détecté au bout d'une heure ; on obtient une perméabilité au gaz, évaluée sur la base des deux premières minutes de passage, supérieure à $5,5 \times 10^{-20}$ m². Cette valeur marque un seuil, car elle correspond à une augmentation de la pression aval plus élevée que lorsque la pression d'injection de gaz est inférieure à 7MPa, voir Figure VI.13. Par conséquent, on peut considérer cette valeur comme la valeur seuil de percée continue. Un franc écoulement de gaz continu est détecté au détecteur d'argon à P_g = 10 MPa.

Pour l'échantillon F2, on obtient une pression de percée continue à environ 7,5MPa. Comme pour F1, on constate que la valeur de Q_g est proche de la valeur seuil de 0,001MPa /h lorsque le débit continu de gaz est détecté, voir Figure VI.13. Si on se rappelle les valeurs de P_{dis} et P_{con} des échantillons de la Série Ai, voir Tableau V.9, on peut constater des valeurs assez similaires. Comme la voie de migration de gaz dans Série Ai est l'interface (comme cela a été démontré avec les tests de la série Di), on peut légitimement supposer que le passage de gaz se fait via l'interface du montage bentonite-argilite, ou via le tube d'argilite. Ceci est à contrôler.

Tableau VI.8 Résultats de l'essai de percée de gaz: Échantillon F2

P_{amont}	P_{aval}	Q_g	$V_{détecteur}$ (10^{-4}ml/s)		K_g	Passage de gaz ?
MPa	10^{-2} MPa	10^{-4} MPa/h	0~2 min	>1h	10^{-20} m^2	Oui/Non
1,00	0,58	0,19	0	0		Non
2,00	0,75	1,39	0	0	0,27	
3,00	0,72	1,71	0	0	0,33	
3,60	1,21	1,80	2	0	0,35	Discontinue
4,00	0,95	2,86	4	0	0,56	
5,00	0,84	3,15	2	0	0,62	
6,00	1	4,46	4	0	0,87	Oui
7,00	0,89	4,37	2	0	0,86	
7,50	0,42	7,03	4	2	1,38	continue
8,00	1,85	8,69	3	2	1,70	
9,00	1,39	7,19	4	2	1,41	
10,00	2,07	9,04	4	2	1,77	

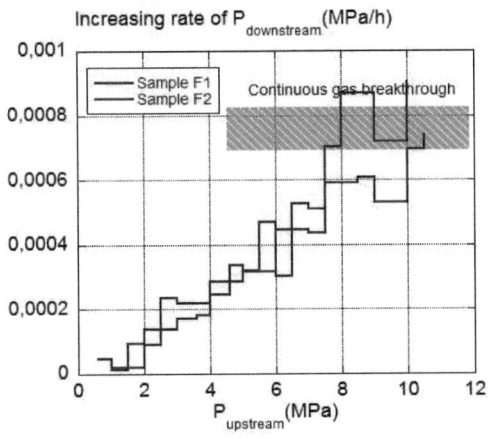

Figure VI. 13 Relation entre la pression amont et la vitesse d'augmentation du débit de la pression aval pour les échantillons F1 et F2.

Tableau VI.9 Résumé des essais de percée des échantillons A2, A3 (tube aluminium-plexiglas lisse), et F1, F2 (tube d'argilite).

Échantillon	P_{eff} (MPa)	P_{dis} (MPa)	P_{con} (MPa)	Notes
A2	7,16	3,63	7,1	1) Tube de Plexiglas^{TM}-aluminium (l'interface du tube est lisse) 2) Mise en contact du plug supérieur avec le plug inférieur saturé en eau
A3	7,39	4,62	8,1	1) Tube de Plexiglas^{TM}-aluminium (l'interface du tube est lisse) 2) Contact direct avec de l'eau pour saturation
F1	N/A	1,5	7,0	1) Tube d'argilite (l'interface du tube est lisse)
F2	N/A	3,6	7,5	2) Contact direct avec de l'eau pour saturation

VI.4 Conclusion

On a présenté dans cette partie des essais de gonflement et de percée de gaz dans des conditions différentes de celles du Chapitre V (tubes plexiglas-aluminium lisses seulement). On avait alors constaté que, lorsque le bouchon de bentonite-sable est saturé en eau dans un tube lisse, la pression de percée au travers du montage tube–bouchon est au moins égale à la pression effective de gonflement du matériau.

Pour tenter de supprimer les effets d'interface, on a d'abord mis un échantillon en place directement en jaquette et confiné, la pression de confinement jouant alors le rôle de la pression de gonflement pour le matériau saturé. Il n'a jamais été possible d'atteindre la percée à une pression inférieure à la pression de confinement imposée. On peut donc déduire que la pression de gonflement sera toujours une borne inférieure pour la pression de percée.

Dans un deuxième cas, on a fait gonfler le bouchon dans un tube rainuré afin d'augmenter la surface de contact de l'interface et sa rugosité, et par là la difficulté pour le gaz à s'y frayer un chemin. La percée continue n'a pas été obtenue, même à 10MPa d'injection de gaz. La seule variante par rapport aux autres tests avec tube étant la nature de l'interface, on peut logiquement en déduire que le gaz passe via l'interface au moment de la percée.

A ce stade, on ne peut pas déduire quelle est exactement la pression de percée *dans la masse du mélange saturé*. Ainsi, certains tests de laboratoires indiquent que le passage du gaz dans l'argile saturée est possible lorsque la pression de gaz est un peu plus élevée que la somme de la pression de gonflement de l'argile et la pression de l'eau interstitielle (Horseman et al., 1999; Galle et al., 2000, Hildenbrand et al., 2002). Nos essais montrent que le passage n'a pas lieu à ce type de pression si l'interface n'est pas lisse (i.e. si elle ne facilite pas le passage). Au contraire, il faut sans doute attendre soit que le gaz réussisse à pénétrer une interface dont le passage est plus difficile (par exemple rainuré), soit d'atteindre la fracturation macroscopique en traction : celle-ci se développe lorsque la pression du gaz est supérieure à la somme de la contrainte principale minimale en compression et de la résistance en traction de la roche (Valko et Economides, 1997), voir Chapitre I.

Enfin, on a utilisé un montage plus proche de la situation *in situ* en faisant gonfler le bouchon dans un tube d'argilite lisse : on a retrouvé des pressions de percée de 7-7,5MPa, proches de celles obtenues avec un tube aluminium-plexiglas lisse, i.e. 7-8MPa. De ces expériences, on peut alors déduire que le gaz passe soit à l'interface, soit au travers de l'argilite, dont les pressions de percée sont d'au plus 6MPa (matériau non endommagé).

Conclusion générale

Cette thèse contribue à améliorer la compréhension de 1) la capacité d'étanchéité des bouchons de bentonite-sable partiellement saturés en eau sous confinement variable, 2) la cinétique et la pression de gonflement des bouchons en présence d'une pression de gaz d'au moins 4MPa et au contact d'eau (contact direct ou via un bouchon déjà entièrement saturé) ainsi que leur pression de percée de gaz, et 3) l'efficacité du scellement de l'interface bentonite-argilite, obtenue en mesurant avec précision le gonflement du mélange bentonite-sable et la pression de passage de gaz discontinue puis continue, lorsque cette interface est soumise à une pression de gaz non négligeable.

Au préalable, nous avons effectué les tests de rétention d'eau, avec des conditions aux limites différentes : conditions de déplacement libre et conditions isochores (oedométriques). Nos travaux montrent que la vitesse de gonflement de l'échantillon dans des conditions libres est plus rapide que pour l'échantillon qui gonfle dans des conditions oedométriques. Par ailleurs, davantage d'eau est absorbée en conditions libres (par rapport aux conditions oedométriques). Nous avons également constaté que, à une humidité relative de 98% *HR*, le gonflement est élevé avec une augmentation de 22,5% du volume initial du bouchon.

Pour évaluer la capacité de scellement des bouchons bentonite-sable partiellement saturés en eau, nous avons mesuré leur perméabilité au gaz sous pression de confinement variable (jusqu'à 12MPa). On montre que la structure poreuse accessible au gaz et le transport de gaz des bouchons sont très sensibles aux cycles de séchage/imbibition successifs, couplé aux cycles de confinement / dé-confinement. Ainsi, l'étanchéité au gaz (supposée obtenue dès que la perméabilité au gaz est inférieure à $10^{-20}\,m^2$) est obtenue sous confinement de 9MPa et plus, pour les échantillons initialement saturés à 86-91% seulement. Après stabilisation de la masse à une *HR* donné dans des conditions de gonflement libre, à confinement donné, les résultats de perméabilité au gaz mettent en évidence deux effets antagonistes. D'une part, le gonflement est accompagné d'une augmentation du volume total et du volume poreux accessible au gaz, de sorte à contribuer à l'augmentation de la perméabilité au gaz. D'autre part, à volume d'échantillon donné, l'augmentation de la saturation en eau remplit partiellement le volume des pores, de sorte que la perméabilité au gaz diminue. Ces effets antagonistes, déjà décrits dans la littérature, sont observés simultanément dans le domaine des saturations intermédiaires (50-60%) : ils permettent d'interpréter de manière satisfaisante nos expériences de perméabilité au gaz en conditions partiellement saturées en eau, pour lesquelles une augmentation de la saturation en eau peut conduire à une augmention de la perméabilité au gaz, si l'effet du gonflement (et donc de l'augmentation du volume poruex accessible au gaz) est prédominant.

Dans une deuxième partie, une campagne expérimentale est effectuée pour déterminer l'effet d'une pression de gaz (4, 6 ou 8MPa) sur les capacités de gonflement du bouchon de bentonite-sable, ainsi que sur sa pression de percée de gaz (discontinue puis continue). En parallèle de la présence d'eau (propice au gonflement), la présence de 4MPa de pression gaz limite légèrement la pression effective de gonflement, mais affecte significativement la pression de percée de gaz. Pour une pression de gaz de 8MPa, égale au double de la pression d'eau, on mesure une baisse très sensible de la pression effective de gonflement, et le passage de gaz se fait systématiquement, quelle que soit la pression employée. Un tube présentant une surface intérieure rainurée est utilisé pour y faire gonfler le bouchon de bentonite-sable, afin de déterminer si le gaz passe plutôt via l'interface ou via la masse du bouchon saturé en eau : nos essais montrent que le gaz transfère préférentiellement via l'interface. Lorsqu'elle est lisse, la pression de gaz est similaire ou légèrement plus élevée que la pression effective de gonflement dans les essais A1~A3, dans le cas contraire (interface rugueuse), le gaz passe à une pression bien plus élevée (le passage discontinu commence au-delà de 10MPa). Nos essais ont également montré l'absence d'effet d'échelle sur la pression de gonflement et de percée, en utilisant un échantillon A4 deux fois plus long que les autres. Pour l'assemblage bouchon-argilite, les pressions de percée continues sont proches de celles obtenues avec un tube aluminium-plexiglas. Cela signifie que l'interface (lisse) ou l'argilite (i.e. dans la masse du tube) sont deux voies possibles de migration de gaz, lorsque tous les matériaux sont complètement saturés en eau. Des essais supplémentaires sont nécessaires pour déterminer les voies de passage de gaz au travers de l'assemblage bouchon/argilite.

En annexe à ce manuscrit, nous présentons des résultats de simulation numérique destinés à reproduire l'effet de couplage entre la pression de gaz et la pression d'eau sur la cinétique de saturation en eau du bouchon bentonite-sable. Nous constatons qu'un gradient de saturation en eau important est présent entre le centre et la surface externe du bouchon pendant le processus de gonflement, et ce gradient ne disparaît complètement que pour les échantillons gonflant sans gaz. Lorsque la pression de gaz est 4MPa ou plus (durant le processus de gonflement), il est difficile pour l'eau de pénétrer dans la zone centrale du bouchon. De ce fait, il reste seulement partiellement saturé, ce qui coïncide bien avec les résultats expérimentaux : le gaz passe très facilement à travers le bouchon sous l'effet, à la fois, de la présence d'eau et d'une pression de gaz d'au moins 4 MPa.

Références bibliographiques

Abichou, T., Benson, C. H., & Edil, T. B. (2002). Micro-structure and hydraulic conductivity of simulated sand-bentonite mixtures. *Clays and Clay Minerals, 50*(5), 537-545.

Achari, G., Joshi, R. C., Bentley, L. R., and Chatterji, S. (1999). Prediction of the hydraulic conductivity of clays using the electric double layer theory. *Canadian geotechnical journal, 36*(5), 783-792.

Alkan, H., & Müller, W. (2008). Approaches for modelling gas flow in clay formations as repository systems. *Physics and Chemistry of the Earth, Parts A/B/C, 33,* S260-S268.

Alonso, E.E., Olivella, S., Arnedo, D. Mechanisms of gas transport in clay barriers. *Journal of Iberian Geology 32* (2), 175–196, 2006.

Amann-Hildenbrand, A., Ghanizadeh, A., & Krooss, B. M. (2012). Transport properties of unconventional gas systems. *Marine and Petroleum Geology,31*(1), 90-99.

ANDRA, site web officiel. (2012). www.andra.fr.

Arnedo. D, Alonso. E.E, Olivella. S, Romer. E. (2011). Gas migration in sand/bentonite mixtures through preferential paths. In *Unsaturated Soils - Proceedings of the 5th International Conference on Unsaturated Soils*, 1353-1359.

Barbour, S.L. (1998). Nineteenth Canadian Geotechnical Colloqium: The soil-water characteristic curve: a historical perspective. *Canadian Geotechnical Journal, 35*(5): 873-894.

Beck, K., Al-Mukhtar, M., Rozenbaum, O., & Rautureau, M. (2003). Characterization, water transfer properties and deterioration in tuffeau: building material in the Loire valley—France. *Building and environment, 38(*9), 1151-1162.

Benavente, D., Cañaveras, J. C., Cuezva, S., Laiz, L., & Sanchez-Moral, S. (2009). Experimental definition of microclimatic conditions based on water transfer and porous media properties for the conservation of prehistoric constructions: Cueva Pintada at Galdar, Gran Canaria, Spain. *Environmental geology, 56*(8), 1495-1504.

Börgesson, L. (1985). Water flow and swelling pressure in non-saturated bentonite-based clay barriers. *Engineering geology, 21*(3), 229-237.

Börgesson, L., Hernelind, J. (1999). Coupled Thermo-Hydro-Mechanical calculations of the water saturation phase of a KBS-3 deposition hole. SKB technical report TR-99-41. SKB, Stockholm.

Börgesson, L. (2001). Compilation of Laboratory Data for Buffer and Backfill Materials in the Prototype Repository. SKB International Progress Report IPR-01-34. SKB, Stockholm.

Brace, W. F., & Martin, R. J. (1968, September). A test of the law of effective stress for crystalline rocks of low porosity. In *International Journal of Rock Mechanics and Mining Sciences & Geomechanics Abstracts* (Vol. 5, No. 5, pp. 415-426). Pergamon.

Camuffo, D. (1998). *Microclimate for cultural heritage* (Vol. 23). Elsevier Science.

Castellanos, E., Villar, M. V., Romero, E., Lloret, A., & Gens, A. (2008). Chemical impact on the hydro-mechanical behaviour of high-density FEBEX bentonite. *Physics and Chemistry of the Earth, Parts A/B/C, 33*, S516-S526.

Chavant, C. (2009). Modèles de comportement THHM, *Document Aster, R7.01.11*, 1~55

Chen, X. T., Caratini, G., Davy, C. A., Troadec, D., & Skoczylas, F. (2013). Coupled transport and poro-mechanical properties of a heat-treated mortar under confinement. *Cement and Concrete Research, 49*, 10-20.

Chen, W., Liu, J., Brue, F., Skoczylas, F., Davy, C. A., Bourbon, X., & Talandier, J. (2012). Water retention and gas relative permeability of two industrial concretes. *Cement and Concrete Research*.

Cho, W. J., Lee, J. O., & Chun, K. S. (1999). The temperature effects on hydraulic conductivity of compacted bentonite. *Applied clay science, 14*(1), 47-58.

Cho, W. J., Lee, J. O., & Kang, C. H. (2000). Hydraulic Conductivity of Bentonite-Sand Mixture for A Potential Backfill Material for a High-level Radioactive Waste Repository. *JOURNAL-KOREAN NUCLEAR SOCIETY,32*(5), 495-503.

Chen, X. T., Rougelot, T., Davy, C. A., Chen, W., Agostini, F., Skoczylas, F., & Bourbon, X. (2009). Experimental evidence of a moisture clog effect in cement-based materials under temperature. *Cement and Concrete Research,39*(12), 1139-1148.

Cui, Y.J., Tang, A.M., Loiseau, C., Delage, P. Determining water permeability of compacted bentonite -sand mixture under confined and free-swell conditions. *Physics and Chemistry of the Earth 33*, S462– S471, 2008

Cuss R., Harrington J.(2012). WP3 meeting of the FP7 EU project Forge, Madrid, March.

Davy, C. A., Skoczylas, F., Barnichon, J.-D., and Lebon, P. (2007). Permeability of macro cracked argillite under confinement: gas and water testing. *Physics and Chemistry of the Earth, 32*:667–680.

Davy, C. A., Skoczylas, F., Lebon, P., & Dubois, T. (2009). Gas migration properties through a bentonite/argillite interface. *Applied Clay Science, 42*(3), 639-648.

Davy, C. A., M'Jahad S., Skocylas, F., Talandier, J & Ghayaza, M. (2012). "Evidence of discontinuous and continuous gas migration through undisturbed and self-sealed COx claystone", présentation orale en séance plénière à la *conférence internationale Clays in Natural and EngineeredBarriers for Radioactive Waste Management - 5th International Meeting*, Montpellier, 22-25.

Daïan, J. F. (2010). Equilibre et transferts en milieux poreux, première partie: Etats d'équilibre, pages, 188.

Daneshy, A. (2002). State-of-the-Art hydraulic fracturing in the oil and gas industry. Unpubl. Nagra Int. Rep. Nagra, Wettingen, Switzerland.

Egermann, P., Lombard, J. M., & Bretonnier, P. (2006). A fast and accurate method to measure threshold capillary pressure of caprocks under representative conditions. *SCA2006 A*, 46.

Fatt, I. (1956). The network model of porous media, III. Dynamic properties of networks with tube radius distribution, *Petroleum Transactions, AIME 207*:164-177.

Franzen, C., & Mirwald, P. W. (2004). Moisture content of natural stone: static and dynamic equilibrium with atmospheric humidity. *Environmental Geology, 46*(3), 391-401.

Gatabin, C. (2005). Selection and thm characterization of the buffer material. Technical Report RT DPC/SCCME 05-704-B, ANDRA.

Gallé, C. (2000). Gas breakthrough pressure in compacted Fo-Ca clay and interfacial gas overpressure in waste disposal context. *Applied Clay Science 17*, 85–97.

Galvin, K. P. (2005). A conceptually simple derivation of kelvin equation, *Chemical Engineering Science, 60*, 4659–4660.

Goyal, R. K., Kingsly, A. R. P., Manikantan, M. R., & Ilyas, S. M. (2006). Thin-layer drying kinetics of raw mango slices. *Biosystems Engineering, 95*(1), 43-49.

Granet, S. (2009), Modélisations thhm généralités et algorithmes, *Document Aster, R7.01.10*, 1–31.

Granet, S. (2011), Notice d'utilisation du modèle THM, *Document Aster, U2.04.05*, 1–50.

Greenspan, L. (1977). Humidity fixed points of binary saturated aqueous solutions. *Journal of Research of the National Bureau of Standards, 81*(1), 89-96.

Guillaume, D. (2002). *Etude expérimentale du système fer-smectite en présence de solution à 80 C et 300 C* (Doctoral dissertation, Université Henri Poincaré-Nancy I).

Harpstead, M. I., & Hole, F. D. (1980). *Soil science simplified.* Iowa State University Press.

Helmig, R. (1997). *Multiphase flow and transport processes in the subsurface: a contribution to the modeling of hydrosystems.* Springer-Verlag.

Hildenbrand, A., S. Schlömer, & B. Krooss. (2002). Gas breakthrough experiments on fine-grained sedimentary rocks. *Geofluids 2*, 3-23.

Hoffmann, C., Alonso, E. E., & Romero, E. (2007). Hydro-mechanical behaviour of bentonite pellet mixtures. *Physics and Chemistry of the Earth, Parts A/B/C, 32*(8), 832-849.

Horseman, S. T., Higgo, J. J. W., Alexander, J., & Harrington, J. F. (1996). Water, gas and solute movement through argillaceous media. *Nuclear Energy Agency Rep. CC-96/1.* OECD, Paris.

Horseman, S.T; Harrington, J.F; Sellin, P. (1999). Gas migration in clay barriers. *Engineering Geology, 54*:139-149.

Huang, W.H., Chen, W.C. (2004). Swelling behavior of a potential buffer material under simulated near field environment. *Journal of Nuclear Science and Technology, 41*(12): 1271-1279.

Ishimori, H., and Katsumi, T. (2012). Temperature effects on the swelling capacity and barrier performance of geosynthetic clay liners permeated with sodium chloride solutions. *Geotextiles and Geomembranes, 33*, 25-33.

Kadlec, O., & Dubinin, M. M. (1969). Comments on the limits of applicability of the mechanism of capillary condensation. *Journal of Colloid and Interface Science, 31*(4), 479-489.

Kenney, T. C., Van Veen, W. A., Swallow, M. A., & Sungaila, M. A. (1992). Hydraulic conductivity of compacted bentonite-sand mixtures. *Canadian Geotechnical Journal, 29*(3), 364-374.

Kim, M. S., & Lee, I. K. (1999). Neosiphonia flavimarina gen. et sp. nov. with a taxonomic reassessment of the genus Polysiphonia (Rhodomelaceae, Rhodophyta). *Phycological Research, 47*(4), 271-281.

King, F., Ahonen, L., Taxén, C., Vuorinen, U., & Werme, L. (2001). Copper corrosion under expected conditions in a deep geologic repository (Vol. 1). Svensk Kärnbränslehantering AB.

Klinkenberg, L. J. (1941). The permeability of porous media to liquids and gases, Drilling and Production Practice, 41-200.

Klopfer, H. (1997). Feuchte. In *Lehrbuch der Bauphysik* (pp. 311-452). Vieweg+ Teubner Verlag.

Komine, H., & Ogata, N. (1994). Experimental study on swelling characteristics of compacted bentonite. *Canadian geotechnical journal, 31*(4), 478-490.

Komine, H. (2004). Simplified evaluation for swelling characteristics of bentonites. *Engineering Geology, 71*(3), 265-279.

Lee, J. O., Lim, J. G., Kang, I. M., & Kwon, S. (2012). Swelling pressures of compacted Ca-bentonite. *Engineering Geology, 129*, 20-26.

Lemaire, T., Moyne, C., & Stemmelen, D. (2004). Imbibition test in a clay powder (MX-80 bentonite). *Applied clay science, 26*(1), 235-248.

Le Pluart, L., Duchet, J., Sautereau, H., Halley, P., & Gerard, J. F. (2004). Rheological properties of organoclay suspensions in epoxy network precursors. *Applied clay science, 25*(3), 207-219.

Li, H., Tsui, T. Y., & Vlassak, J. J. (2009). Water diffusion and fracture behavior in nanoporous low-kdielectric film stacks. *Journal of Applied Physics, 106*(3), 033503-033503.

Liu, J. (2011). Etude expérimentale de la perméabilité relative des matériaux cimentaires et simulation numérique du transfert d'eau du béton, Thèse de doctorat, Ecole Centrale de Lille.

Liu, J.F., Duan, Z.B., Davy, C. A., Skoczylas, F. (2013). "Sealing ability of partially water-saturated bentonite/sand plugs", under revision for Engineering Geology.

Liu, J.F., Davy, C. A., Skocylas, F & Talandier, J (2012) "Gas migration through compacted bentonite/sand under water and gas pressure", *Clays in Natural and Engineered Barriers for Radioactive Waste Management - 5th International Meeting,* Montpellie, France.

Marschall, P., Horseman, S., & Gimmi, T. (2005). Characterisation of gas transport properties of the Opalinus Clay, a potential host rock formation for radioactive waste disposal. *Oil & gas science and technology, 60*(1), 121-139.

Marschall, P., Cuss, R., Wiezorek, K. & Popp, T. (2008). State of the Art on Gas Transport in the Tunnel Nearfield / EDZ. NF-PRO-Report, RTDC4 – WP 4.4: EDZ long term evolution. Deliverable 4.4.1.

Mata, C., and Ledesma, A. (2003). Permeability of a bentonite-crushed granite rock mixture using different experimental techniques. *Geotechnique, 53*(8), 747-758.

Mishra, A. K., Ohtsubo, M., Li, L., & Higashi, T. (2011). Controlling factors of the swelling of various bentonites and their correlations with the hydraulic conductivity of soil-bentonite mixtures. *Applied Clay Science, 52*(1), 78-84.

Millington, R. J. and J. M. Quirk. (1961). Permeability of porous solids. *Trans. Faraday Soc.* 57:1200-1207.

M'Jahad S. (2012). Impact de la fissuration sur les propriétés de rétention d'eau et de transport des géométraux. Application au stockage profond des dechets radioactifs. PhD thesis, (in French), Ecole Centrale de Lille, France.

Montes-H, G. (2002). Etude expérimentale de la sorption d'eau et du gonflement des argiles par microscopie e´électronique à balayage environnementale (ESEM) et analyse digitale d'images. PhD thesis, Louis Pasteur University, Strasbourg I, France.

Montes-H, G., Geraud, Y., Duplay, J., & Reuschle, T. (2005). ESEM observations of compacted bentonite submitted to hydration/dehydration conditions. *Colloids and Surfaces A: Physicochemical and Engineering Aspects, 262*(1), 14-22.

Mualem, Y. (1976). A new model for predicting the hydraulic conductivity of unsaturated porous media. *Water resources research, 12*(3), 513-522.

Musso, G., & Romero Morales, E. (2012). Pore size distribution effects on the hydro-chemo-mechanical behaviour of bentonite. A: Micro et Nano: Scientiae Mare Magnum. "*14th International Clay Conference*".

Odutola, J. A., & Dyke, T. R. (1980). Partially deuterated water dimers: Microwave spectra and structure. *The Journal of Chemical Physics, 72*, 5062.

Ortiz, L., Volckaert, G., Mallants, D. (2002). Gas generation and migration in Boom Clay, a potential host rock formation for nuclear waste storage. *Engineering Geology 64*: 287-296.

Pusch, R., Forsberg, T. (1983). Gas migration through bentonite clay. Technical Report TR. 83-71. SKBF-KBS, SKBF-KBS Technical Report.

Richards, L. A. (1931). Capillary conduction of liquids through porous mediums, *Journal of Applied Physics, 1*, 318–335.

Rose, D. A. (1963). Water movement in porous materials: Part 1-Isothermal vapour transfer. *British Journal of Applied Physics, 14*(5), 256.

Romero, E., Gens, A., & Lloret, A. (1999). Water permeability, water retention and microstructure of unsaturated compacted Boom clay. *Engineering Geology, 54*(1), 117-127.

Romero, E., Gens, A., & Lloret, A. (2001). Temperature effects on the hydraulic behaviour of an unsaturated clay. *Geotechnical & Geological Engineering, 19*(3-4), 311-332.

Rossen, W. R. (2000). Snap-off in constricted tubes and porous media.*Colloids and Surfaces A: Physicochemical and Engineering Aspects, 166*(1), 101-107.

Pellicer, J., V. Garcia-Morales, et M. J. Hermandez. (2000). On the demonstration of the young-laplace equation in introductory physics courses. *Transactions, American Geophysical Union, 38*, 126–129.

Philip, J. R., & De Vries, D. A. (1957). Moisture movement in porous materials under temperature gradients. *Transactions, American Geophysical Union, 38*, 222-232.

Poisson J., (2002). Etude de l'évolution de propriétés macroscopiques d'une bentonite industrielle compactée à différentes pressions: Comportement mécanique, conductivité thermique et porosité. Mémoire de maîtrise $2^{\text{ième}}$ cycle, IPG-Strasbourg, 25p.

Popp, T., Salzer, K. & Rölke, C. (2013). Role of Interfaces in Bentonite-Block Assemblies as Favoured Pathways for Gas Transport. International Symposium and workshop on Gas generation and migration: Implications for the performance of geological repositories for radioactive waste disposal, FORGE EU project Dissemination Symposium, Luxemburg.

Prêt, D., Sammartino, S., Beaufort, D., Meunier, A., Fialin, M., & Michot, L. J. (2010). A new method for quantitative petrography based on image processing of chemical element maps: Part I. Mineral mapping applied to compacted bentonites. *American Mineralogist, 95*(10), 1379-1388.

Pusch R, Forsberg T. (1983). Gas migration through bentonite clay. Technical report TR 83-71. Stockholm, Sweden: SKBF-KBS. 15p.

Pusch, R. (2001). Experimental study of the effect of high porewater salinity on the physical properties of a natural smectitic clay. Svensk Kärnbränslehantering AB/Swedish Nuclear Fuel and Waste Management Company.

Sällfors, G., & Öberg-Högsta, A. L. (2002). Determination of hydraulic conductivity of sand-bentonite mixtures for engineering purposes.*Geotechnical and Geological Engineering, 20*(1), 65-80.

Santucci de Magistris, F., Silvestri, F., and Vinale, F. (1998). Physical and mechanical properties of acompacted silty sand with low bentonite fraction. *Canadian Geotechnical Journal*, 35(6):909–925.

Siddiqua, S., Blatz, J., & Siemens, G. (2011). Evaluation of the impact of pore fluid chemistry on the hydromechanical behaviour of clay-based sealing materials. *Canadian Geotechnical Journal*, 48(2), 199-213.

Skoczylas, F., Davy, C.A. (2011). Measurement of gas entry pressure. Technical Report FORGE Report: D3.13, Euratom 7th Framework project: FORGE.

Song Y. (201?). Pétrophysique et poromécanique de l'argilite.Thèse de doctorat, Ecole Centrale de Lille.

Suzuki, S., Prayongphan, S., Ichikawa, Y., & Chae, B. G. (2005). In situ observations of the swelling of bentonite aggregates in NaCl solution. *Applied clay science*, 29(2), 89-98.

Tang, A. M., Cui, Y. J., & Barnel, N. (2007). A new isotropic cell for studying the thermo-mechanical behavior of unsaturated expansive clays. *Geotechnical Testing Journal*, 30(5): 341- 348.

Thomas, L. K., Katz, D. L., & Tek, M. R. (1968). *Threshold pressure phenomena in porous media*. Old SPE Journal, 8(2), 174-184.

Thomson, W. (1871). LX. On the equilibrium of vapour at a curved surface of liquid. *The London, Edinburgh, and Dublin Philosophical Magazine and Journal of Science*, 42(282), 448-452.

Tuller, M., Or, D., & Dudley, L. M. (1999). Adsorption and capillary condensation in porous media: Liquid retention and interfacial configurations in angular pores. *Water Resources Research*, 35(7), 1949-1964.

Tuller, M., & Or, D. (2003). Retention of water in soil and the soil water characteristic curve. *Encyclopaedia of Soils in the Environment*. Oxford (UK): Elsevier Ltd.

Valko, P. and Economides, M.J. (1997). *Hydraulic fracture mechanics*. John Wiley, New York.

Van Genuchten, M. T., 1980. A closed-form equation for predicting the hydraulic conductivity of unsaturated soils, *Soil Science Society of America Journal*, 44, 1892–1898.

Villar, M. V., & Lloret, A. (2001). Variation of the intrinsic permeability of expansive clay upon saturation. 259-266 in Clay Science for Engineering. ADACHI, K. &FUKUE, M. (editors), Rotterdam: Balkema. ISBN 90 58091759.

Villar, M. V., & Lloret, A. (2004). Influence of temperature on the hydro-mechanical behaviour of a compacted bentonite. *Applied Clay Science*, 26(1), 337-350.

Villar, M. V., García-Siñeriz, J. L., Bárcena, I., & Lloret, A. (2005). State of the bentonite barrier after five years operation of an in situ test simulating a high level radioactive waste repository. *Engineering Geology*, 80(3), 175-198.

Villar, M., & Lloret, A. (2007). Dismantling of the first section of the FEBEX in situ test: THM laboratory tests on the bentonite blocks retrieved. *Physics and Chemistry of the Earth, Parts A/B/C, 32*(8), 716-729.

Villar, M.V. and Lloret, A. (2008). Influence of dry density and water content on the swelling of a compacted bentonite. *Applied Clay Science, 39*, 38-49.

Villar, M.V., Gómez-Espina, R., Campos, R., Barrios, I., & Gutiérrez, L. (2012). Porosity Changes due to Hydration of Compacted Bentonite. In *Unsaturated Soils: Research and Applications* (pp. 137-144). Springer Berlin Heidelberg.

M.V. Villar, P.L. Martín, F.J. Romero, J.M. Barcala. (2011). Results of the tests on bentonite (Part 1). FORGE Report D3.15.30pp.

Washburn, E. W. (1921). The dynamics of capillary flow. *Physical review, 17*(3), 273.

Wilhelm, E., Battino, R., & Wilcock, R. J. (1977). Low-pressure solubility of gases in liquid water. *Chemical reviews, 77*(2), 219-262.

Xie, M., Agus, S. S., Schanz, T., & Kolditz, O. (2004). An upscaling method and a numerical analysis of swelling/shrinking processes in a compacted bentonite/sand mixture. *International journal for numerical and analytical methods in geomechanics, 28*(15), 1479-1502.

Ye, W. M., Cui, Y. J., Qian, L. X., & Chen, B. (2009). An experimental study of the water transfer through confined compacted GMZ bentonite.*Engineering Geology, 108*(3), 169-176.

Ye, W. M., Wan, M., Chen, B., Chen, Y. G., Cui, Y. J., & Wang, J. (2012). Temperature effects on the unsaturated permeability of the densely compacted GMZ01 bentonite under confined conditions. *Engineering Geology, 126*, 1-7.

Zhang, H.Y., Cui, S.L., Zhang, M., Jia, L.Y. (2012). Swelling behaviours of GMZ bentonite-sand mixtures inundated in NaCl–Na_2SO_4 solutions. *Nuclear Engineering and Design, 242*: 115-123.

Annexe A - Simulation numérique

Sommaire

Annexe A - Simulation numérique **152**

    A.1 Loi de comportement **161**

        A.1.1 Imbibition capillaire 161

        A.1.2 Equation de Kelvin-Laplace 163

    A.2 Modèle géométrique et conditions aux limites **164**

        A.2.1 Modèle géométrique de la simulation numérique 164

        A.2.2 État initial 165

        A.2.3 Conditions aux limites 165

        A.2.4 Paramètres généraux 166

    A.3 Schéma de modélisation **167**

    A.4 Résultats et discussion **167**

        A.4.1 État initial et définitions des points de surveillance 167

        A.4.2 Gonflement du plug de bentonite-sable avec $P_w = 4$ MPa, $P_g = 0$ MPa 169

        A.4.3 Gonflement du plug de bentonite-sable avec $P_w = 4$ MPa, $P_g = 2$ MPa 172

        A.4.4 Gonflement du plug de bentonite-sable avec $P_w = 4$ MPa, $P_g = 4/6/8$ MPa 173

    A.5 Résumé et conclusions **177**

    A.6 Travaux futurs **178**

Introduction

La simulation numérique est utilisée en comparaison avec les résultats expérimentaux afin d'expliquer les processus de couplage qui se produisent dans les sites de stockage des déchets nucléaires. En effet, la modélisation de ce type de tests est une tâche difficile et comporte plusieurs aspects. L'idée principale de cette simulation est de comprendre les mécanismes d'écoulement d'un gaz ou d'un liquide à travers un échantillon, l'influence de la pression du gaz sur la cinétique de saturation et la propriété de gonflement du mélange bentonite-sable.

Dans cette partie, la simulation sera effectuée avec le logiciel d'éléments finis «Code Aster» (Analyse des Structures et Thermo-mécanique pour des Études et des Recherches, EDF, France). C'est un logiciel général orienté calcul thermomécanique, comprenant une large gamme de méthodes analytiques et de modélisations multi-physiques non-linéaires. Nous allons utiliser le module «THM» du «Code Aster» qui traite les équations de la mécanique des milieux continus en utilisant la théorie des milieux poreux non saturés. Nous considérerons que les phénomènes mécaniques, thermiques et hydrauliques sont totalement couplés. Dans notre étude, la modélisation «AXIS HH2D» est issue du module THM, où «AXIS» signifie axisymétrique, «HH2» signifie modélisation hydraulique avec deux pressions inconnues et deux composantes par phase et «D» indique qu'il existe un traitement pour diagonaliser la matrice afin d'éviter les oscillations des problèmes hydrauliques (Granet, 2009).

A.1 Loi de comportement

A.1.1 Imbibition capillaire

L'écoulement dans un milieu non-saturé est généralement décrit par l'équation de Richards (Richards, 1931),

$$\frac{\partial \theta_\omega}{\partial t} = di\tau\bigl(K(\nabla h + F^m)\bigr) \tag{A-1}$$

Où K est la conductivité hydraulique (loi de Darcy), h est la pression hydraulique, F^m est le vecteur de gravité (sa valeur est -1 dans le cas d'une direction verticale et 0 en cas de direction horizontale). Dans le même temps, la saturation en eau S_w peut être exprimée comme suit :

$$S_\omega = \frac{\theta_\omega - \theta_\gamma}{\theta_s - \theta_\gamma} \tag{A-2}$$

Avec l'équation (A-2), on peut réécrire l'équation (A-1) comme suit :

$$\frac{\partial S_\omega}{\partial t} = \frac{1}{\varphi} di\tau \left(\frac{K_{\omega.i} K_{\omega.r}}{\mu_\omega} (\nabla p_\omega + \rho_\omega g F^m) \right) \tag{A-3}$$

où $\varphi = \theta_s - \theta_\gamma$ est la porosité apparente à l'eau (dans ce cas, la teneur en eau est définie par le rapport entre le volume d'eau et le volume de l'échantillon), θ_r est la teneur résiduelle, θ_s est la teneur maximale, $K_{\omega.i}$ est la perméabilité à l'eau, $K_{\omega.r}$ est la perméabilité relative à l'eau, μ_ω est la viscosité de l'eau, ρ_ω est la densité de l'eau, g est l'accélération de la pesanteur, $p_\omega = \rho_\omega hg$ est la pression de l'eau, $p_\omega = p_g - p_c$ dans le cas non-saturé, p_g est la pression ue gaz et p_c est la pression capillaire.

La relation entre la saturation en eau S_ω et la pression capillaire p_c est définie par le modèle de Van Genuchten (Van Genuchten, 1980),

$$S_w = (1 + (\frac{P_c}{P_r})^n)^{-m} \tag{A-4}$$

dans laquelle $m=1-1/n$ et P_r sont deux paramètres qui sont liés à la distribution de la taille des pores du milieu poreux.

La perméabilité relative est donnée par le modèle de Mualem (Mualem, 1976).

$$K_{w,r} = S_{w,j}^{1/2} \left(\frac{\int_0^{S_{w,j}} \frac{dS_w}{P_c}}{\int_0^1 \frac{dS_w}{P_c}} \right)^2 \tag{A-5}$$

$$K_{g,r} = (1 - S_{w,j}^{1/2}) \left(\frac{\int_0^{S_{w,j}} \frac{dS_w}{P_c}}{\int_0^1 \frac{dS_w}{P_c}} \right)^2 \tag{A-6}$$

Basées sur le modèle de Van Genuchten, les formules (A-5) et (A-6), peuvent être réécrites comme suit :

$$K_{w,r} = S_{w,j}^{1/2} \left(1 - \left(1 - S_{w,j}^{1/m}\right)^m\right)^2 \tag{A-7}$$

$$K_{g,r} = \left(1 - S_{w,j}\right)^{1/2} \left(1 - S_{w,j}^{1/m}\right)^{2m} \tag{A-8}$$

Pour tous les essais, la température est stabilisée à 20 °C, par conséquent, l'effet de la température est négligé dans la simulation. Par ailleurs, l'influence de la gravité de l'eau est également négligée.

L'algorithme d'itération du "Code Aster" demande les valeurs de dérivation de dS_w/dP_c, dP_c/dS_w et $dK_{w,r}/dS_w$. La valeur de dS_w/dP_c est directement calculée avec la formule (A-4), la valeur de $dK_{w,r}/dS_w$ peut être obtenu par les formules (A-7) et (A-8).

Dans le module «THM», la saturation en eau est définie par :

$$S_\omega = \frac{S - S_r}{1 - S_r} \tag{A-9}$$

où S est la saturation absolue, S_r est la saturation résiduelle. Dans notre simulation, nous supposons que S_r vaut 0. Cependant, nous pouvons estimer que la valeur de $dK_{w,r}/dS_w$ tend vers l'infinie lorsque S_ω tend vers 1.

$$\left.\frac{dK_{w,r}}{dS_w}\right|_{S_\omega=1} = \infty \qquad (A-10)$$

Afin de contourner ce problème, la formule exprimant la perméabilité à l'eau est remplacé par un polynôme du second ordre *PL(S)* lorsque la saturation absolue est supérieure à S_{max} (Granet, 2011).

$$PL(S_{max}) = K_{w,r}(S_{max}) \qquad (A-11)$$

$$\left.\frac{dPL}{dS_w}\right|_{S=S_{max}} = \left.\frac{dK_{w,r}}{dS_w}\right|_{S=S_{max}} \qquad (A-12)$$

$$PL(1) = 1 \qquad (A-13)$$

En fait, avec le modèle de rétention, nous pouvons constater que S_{max} peut être donnée par la pression minimale capillaire $P_{c,min}$.

$$S(P_{c,min}) = S_{max} \qquad (A-14)$$

Lorsque $S > S_{max}$ (à aavoir, $P_c < P_{c,min}$), la saturation absolue est donnée par l'hyperbole $H(P_c)$.

$$H(P_c) = 1 - \frac{A}{B-P_c} \qquad (A-15)$$

$$H(P_{c,min}) = S_{max} \qquad (A-16)$$

$$\left.\frac{dH}{dP_c}\right|_{P_{c,min}} = \left.\frac{dS}{dP_c}\right|_{P_{c,min}} \qquad (A-17)$$

où *A* et *B* sont les deux paramètres déterminés par les deux équations (A−16) et (A−17).

A.1.2 Equation de Kelvin-Laplace

L'équation de Kelvin-Laplace décrit la relation entre la pression capillaire P_c et l'humidité relative *HR*. L'humidité relative de l'air au-dessus du ménisque dans un pore capillaire est donnée par l'équation de Kelvin (Thomson, 1871), cité par (Galvin, 2005)

$$ln(HR) = -\frac{v_m}{RT}\frac{2\gamma \cos\theta}{r} \qquad (A-18)$$

où v_m est le volume molaire, *R* est la constante des gaz parfaits, *T* est la température, *γ* est la tension superficielle, *γ* est le rayon du pore capillaire et *θ* l'angle de contact. En effet, pour un milieu poreux, il est supposé que cette équation décrit la relation entre l'humidité relative à l'intérieur et le rayon maximal des pores qui sont remplis d'eau sous humidité relative. Avec l'équation de Young-Laplace (Pellicer, 2000)

$$P_c = \frac{2\gamma \cos\theta}{r} \qquad (A-19)$$

la relation entre la pression capillaire P_c et l'humidité relative *HR* est donnée par :

$$P_c = -\frac{RT}{v_m} \ln(HR) \qquad (A-20)$$

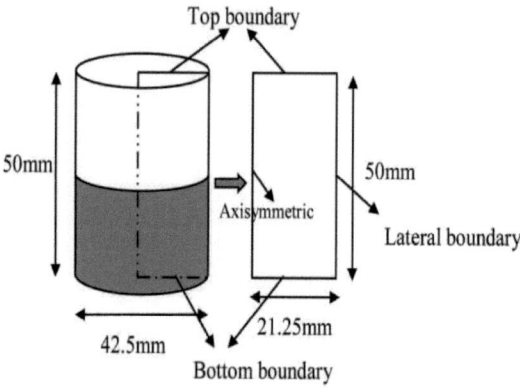

Figure A. 1 Modèle géométrique.

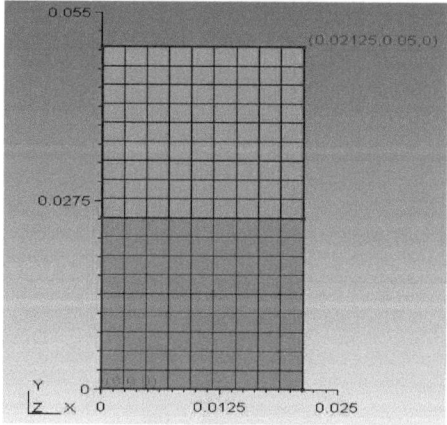

Figure A.2 Maillage par éléments finis.

A.2 Modèle géométrique et conditions aux limites

A.2.1 Modèle géométrique de la simulation numérique

Comme le montre les Figures A.1 et A.2, un modèle bidimensionnel axi-symétrique de 50 mm (hauteur) × 21,5 mm (rayon) est utilisé pour étudier la saturation en eau et le gonflement de la bentonite. Ces dimensions sont identiques à la taille de l'échantillon utilisé dans le test.

A.2.2 État initial

Les conditions aux limites *in situ* ne sont pas connues avec précision. Par conséquent, certaines expériences en laboratoire sont réalisées avec des conditions aux limites connues, permettant ainsi de les vérifier et d'étalonner la modélisation numérique. La Figure A.3 ci-dessous présente un schéma de principe de l'essai de gonflement. La cellule triaxiale contient 2 échantillons placés l'un au-dessus de l'autre. Celui du dessous est complètement saturé tandis que celui du dessus est testé juste après compactage. L'échantillon supérieur est alimenté en eau par l'inférieur placé au-dessous. Cette disposition est destinée à simuler les conditions *in situ*.

La modélisation «AXIS HH2D» ne peut pas définir la saturation initiale directement par la saturation. Par conséquent, la saturation en eau initiale est exprimée par la pression capillaire. Pour l'échantillon inférieur (complètement saturé), la saturation en eau $S_\omega = 1$ correspond à une pression capillaire $P_c = 0$, pour l'échantillon supérieur, le mélange de bentonite-sable est laissé dans une atmosphère à humidité relative contrôlée ($HR = 85\%$) avant compactage. Ainsi, la pression capillaire P_c correspondante est $2{,}21 \times 10^7 Pa$.

A.2.3 Conditions aux limites

Avec le modèle axi-symétrique, il existe trois types de conditions aux limites, à savoir les frontières basse, haute et latérale, voir Figure A.1. Les conditions aux limites mécaniques imposent un déplacement nul dans la direction verticale, aux frontières basse et haute de l'échantillon et un déplacement nul dans la direction radiale à la frontière latérale de l'échantillon. Les conditions aux limites de l'écoulement comportent à la fois l'écoulement de l'eau et du gaz.

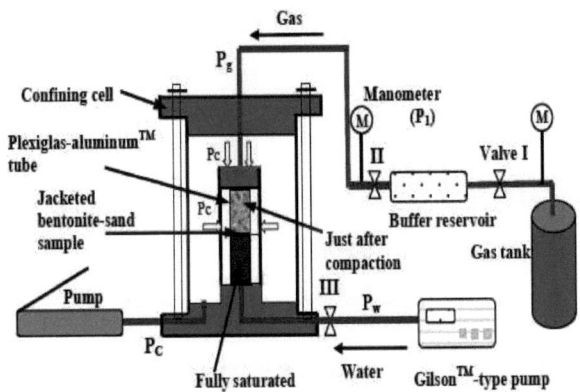

Figure A.3 Dispositif expérimental utilisé dans le laboratoire.

Plus précisément, la frontière basse est au contact direct de l'eau ($P_\omega = 4\ MPa$), la frontière haute est en contact direct avec le gaz ($P_g = 0/2/4/6/8\ MPa$) et la frontière latérale est en contact avec de l'eau et du gaz. La distribution des pressions du gaz et de l'eau selon la hauteur est linéaire (après coupure hydraulique), ce qui est prouvé par des essais en laboratoire. Pour plus de simplicité, les pressions du gaz et de l'eau sont réputées être en diminution, étape par étape, voir Figure A.5.

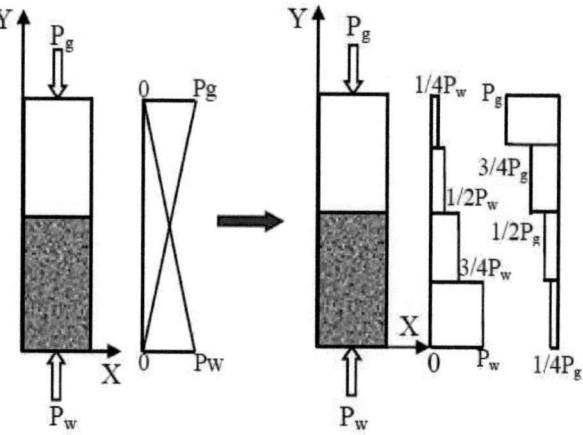

Figure A.4 Conditions aux limites.

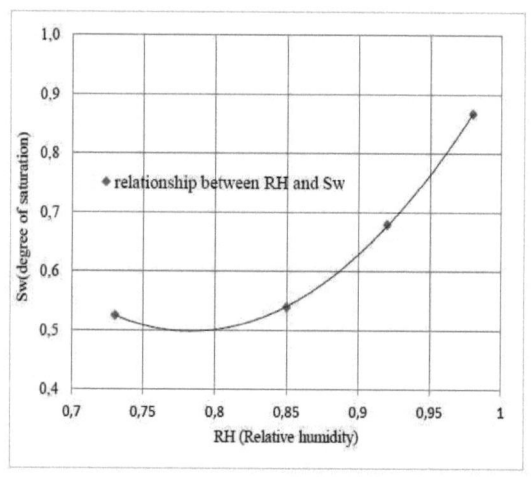

Figure A.5 Relation entre *HR* et S_w par essai de rétention d'eau.

A.2.4 Paramètres généraux

Les paramètres d'entrées de la simulation numérique sont donnés dans le Tableau A.1. Les paramètres S_r, S_{max}, R, ρ_w, T et v_m sont constants dans toute la simulation. K_w et φ sont mesurés par les tests en laboratoire. Afin d'obtenir les paramètres P_r et n, une série de tests d'adsorption ont été effectués dans notre laboratoire afin d'obtenir la relation entre la saturation en eau S_ω et l'humidité relative HR, voir Chapitre III et IV. La relation entre l'humidité relative et la saturation en eau du mélange bentonite-sable est présentée dans la Figure A.5. Ensuite, la méthode des moindres carrés est utilisée pour calculer les paramètres P_r et n avec la formule (A − 4).

Tableau A.1 Paramètres utilisés dans cette simulation numérique.

S_r	0,0	$m=1-1/n$	0,2
S_{max}	0,999999	n	1,25
R	8,3144	P_r	2,54E+06
ρ_w	1000,0	R	8,3144
K_w	6,00E-21	T	295
φ	0,363	v_m	1,80E-05

A.3 Schéma de modélisation

Dans cette étude, cinq cas sont étudiés, dans lesquels les conditions aux limites appliquées varient pour simuler l'effet de couplage entre les pressions de gaz et d'eau sur la saturation en eau du mélange bentonite-sable. Le Tableau A.2 présente la nomenclature utilisée selon les cas et les conditions aux limites.

Tableau A.2 Nomenclature de cette simulation numérique

Numéro	Conditions aux limites	
	P_g (MPa)	P_w (MPa)
S-1	0	4
S-2	2	4
S-3	4	4
S-4	6	4
S-5	8	4

A.4 Résultats et discussion

A.4.1 État initial et définitions des points de surveillance

Comme indiqué dans les chapitres IV et V, l'échantillon supérieur est testé juste après compactage avec une saturation initiale de 0,52, l'échantillon inférieur, lui, est complètement saturé, voir Figure A.6 (a).

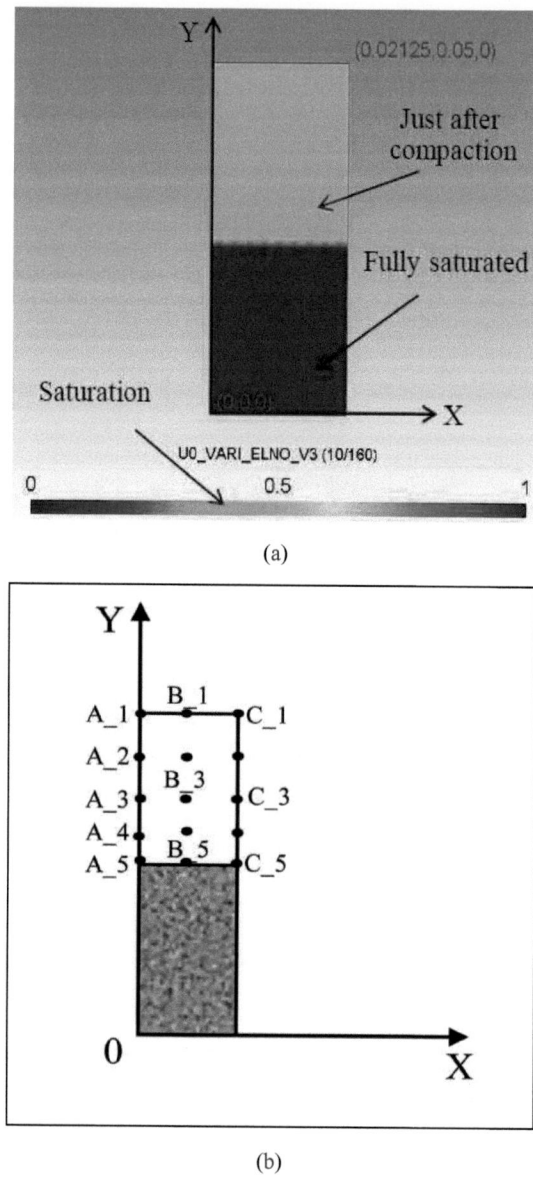

Figure A.6 (a) État initial des 2 échantillons de bentonite-sable, (b) Définitions des points de surveillance.

In situ, dans la barrière de scellement, un gradient important de saturation en eau existe entre le noyau et la surface externe, elle même en contact avec l'argilite et les eaux souterraines. Ce gradient de saturation en eau existe non seulement dans la direction radiale, mais également dans la direction axiale. Par conséquent, dans cette étude, les points de surveillance, à la fois dans le sens axial et dans le sens radial, sont sélectionnées pour enregistrer l'évolution de la saturation en fonction du temps, voir Figure A.6 (b).

A.4.2 Gonflement du plug de bentonite-sable avec P_w = 4 MPa, P_g = 0 MPa

L'évolution globale du degré de saturation de l'échantillon en fonction du temps est présentée dans la Figure A.7 (a). Il est clair que l'état complètement saturé est obtenu le 29ème jour, coïncidant bien avec les résultats expérimentaux, voir Figure A.7 (b), à savoir, la pression de gonflement du plug supérieur de bentonite-sable devient stable après le 28ème jour. En outre, comme le montre la Figure A.7 (a), il existe un gradient important de saturation en eau entre le noyau et la surface externe pendant le processus de gonflement. Cela peut être expliqué par le fait que l'humidité pénètre dans le plug supérieur par sa surface haute, sa surface latérale (côté externe) et la surface haute du plug inférieur. En outre, en raison de l'existence d'un espace initial entre le plug supérieur et la surface intérieure du tube (*in situ*, c'est la roche hôte), les molécules d'eau atteindront facilement la face haute de l'échantillon dès que la pression d'eau à 4 MPa sera appliquée au plug inférieur. Dans la simulation numérique, ceci est réalisé par l'application de la pression d'eau autour de la limite. Par conséquent, un gradient important de saturation en eau existe entre les surfaces latérale et supérieure et le noyau.

La Figure A.8 (a) et (b) montrent l'évolution au cours du temps du degré de saturation des points de surveillance de différentes parties de l'échantillon, c'est à dire, à partir de la surface externe du noyau du "plug". Le profil de saturation change avec le temps en raison de la redistribution de l'humidité. Il est clair que l'augmentation de la vitesse du degré de saturation dépend de la distance à la source d'eau (l'eau de la nappe phréatique *in situ*), i.e. la surface haute du plug supérieur, la surface latérale du plug supérieur et la surface haute du plug inférieur. Comme le montre les Figures A.8 (a) et (b), 17 jours sont nécessaires pour que l'humidité atteigne le point A_3, tandis que 4 et 9 jours sont nécessaires aux molécules d'eau pour atteindre les positions les points A_2 et B_3. Cependant, la saturation complète de tous les points de surveillance est atteinte au bout de 29 jours.

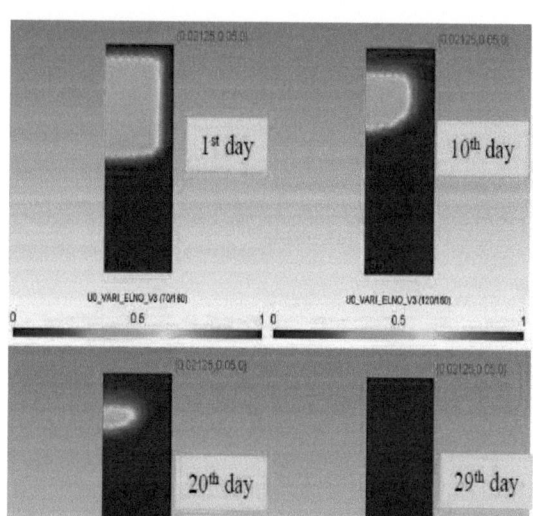

(a)

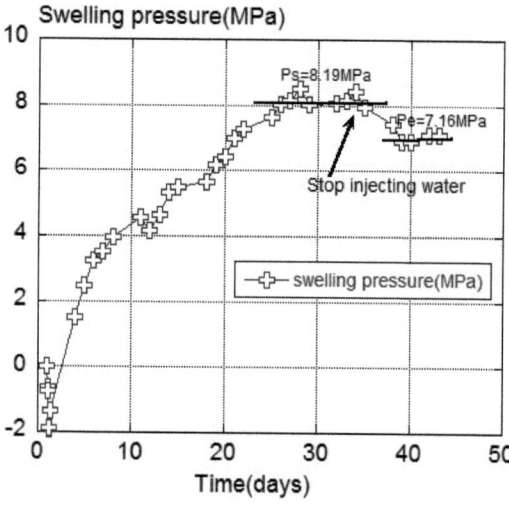

(b)

Figure A.7 (a) Évolution du degré de saturation dans le temps - évolution globale ; (b) Évolution de la pression de gonflement dans le temps - résultats expérimentaux.

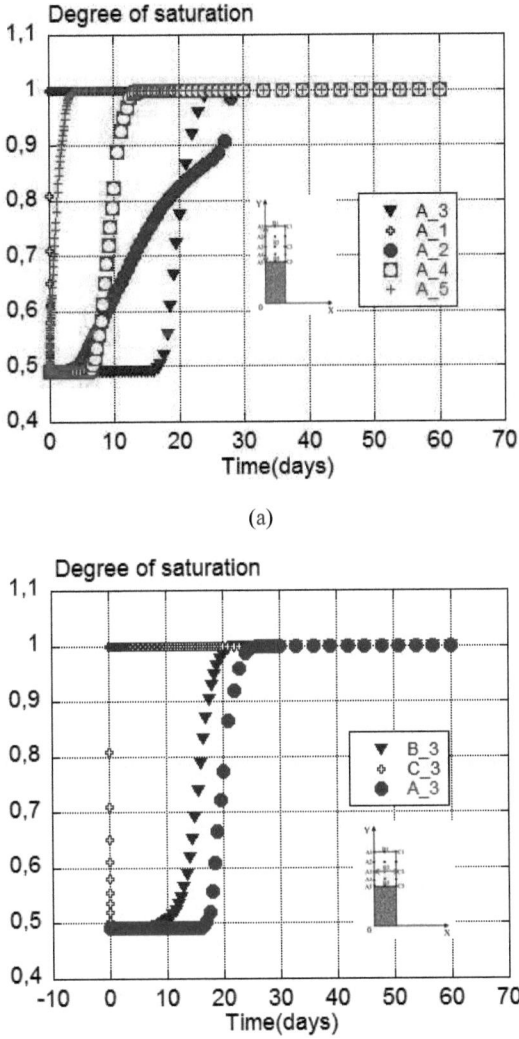

(a)

(b)

Figure A.8 Évolution du degré de saturation des points de surveillance en fonction du temps (a) Direction radiale; (b) Direction axiale.

A.4.3 Gonflement du plug de bentonite-sable avec P_w = 4 MPa, P_g = 2 MPa

La Figure A.9 présente l'évolution globale du degré de saturation de l'échantillon en fonction du temps avec P_g = 2 MPa pendant le processus de gonflement. La première et principale observation qui peut être tirée de ces résultats est qu'il n'y a pas de différence significative lorsqu'une pression gaz de 2 MPa est présente ou non. Il faut prévoir plus de temps pour que le plug supérieur soit complètement saturé, par exemple, 78 jours vs. 29jours. Cependant, le degré de saturation de la surface haute et de la surface latérale externe du plug supérieur indiquent qu'ils ne sont pas totalement saturés, mais presque complètement saturés, voir Figure A.9 et Figure A.10 (point A_1), qui sont affectées par l'application de la pression gaz.

Les Figures A.10 (a) et (b) montrent la cinétique de saturation des points de surveillance en fonction du temps. Les mêmes tendances, déjà observées pour la série S-1 sont confirmées : les vitesses de gonflement, à proximité de la source d'eau, sont plus élevées que pour d'autres endroits du "plug". Au cours de la période de gonflement, le gradient de saturation se trouvent à la fois dans la direction axiale et dans la direction radiale. En raison de l'action de la pression de gaz, le degré de saturation des points de surveillance A_1 et C_3 situés à la surface externe, ne sont pas totalement saturés, mais proche de 1 (0,945).

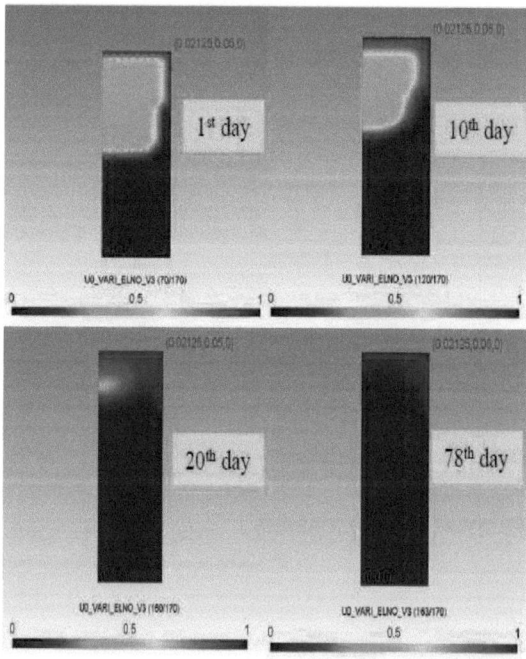

Figure A.9 Évolution du degré de saturation avec le temps - évolution globale.

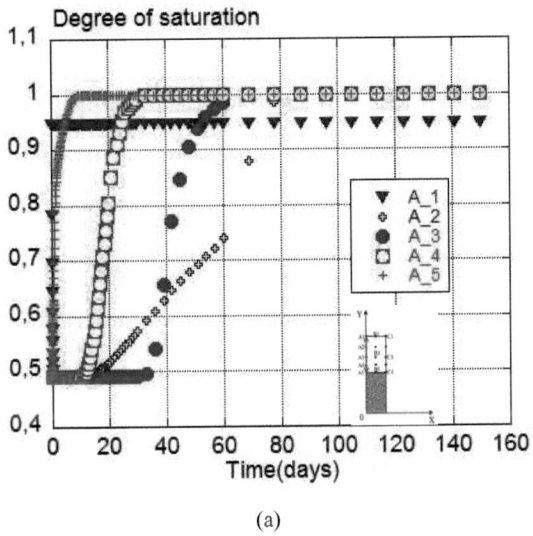

(a)

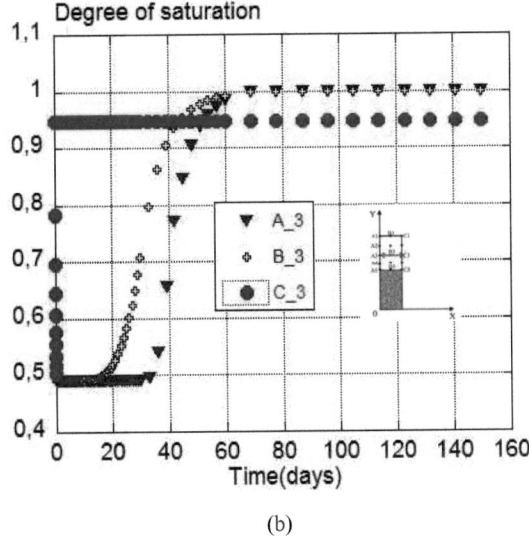

(b)

Figure A.10 Évolution du degré de saturation des points de surveillance en fonction du temps: (a) Direction radiale; (b) Direction axiale.

A.4.4 Gonflement du plug de bentonite-sable avec P_w = 4 MPa, P_g = 4/6/8 MPa

Les résultats de la simulation pour la bentonite gonflante avec des pressions gaz de 4 MPa, 6 MPa et 8 MPa sont présentés dans la Figure A.11. En comparaison avec les résultats précédents, on peut observer que de grandes différences existent entre eux : tout d'abord, le plug de bentonite-sable supérieur demeure partiellement saturé, même après 150 jours de gonflement, d'autre part, l'humidité ne peut pas pénétrer dans le cœur de l'échantillon supérieur à cause de la pression élevée du gaz, et troisièmement plus de temps est nécessaire aux molécules d'eau pour entrer dans les pores de l'échantillon. Des phénomènes similaires sont également observés dans les essais en laboratoire : par exemple pour le plug de bentonite-sable gonflante avec une pression gaz de 6 MPa, après l'essai de gonflement, la surface haute du plug supérieur n'est que partiellement saturé, voir Figure A.12 (a), pour les essais de gonflement, plus de temps est nécessaire pour que la pression de gonflement du plug supérieur se stabilise, voir Figure A.12 (b), de même, les tests de percée montrent que le gaz peut passer à travers l'échantillon à la pression gaz la plus faible, lorsque l'on compare avec les résultats des tests précédents (gonflement sans pression gaz), voir Figure A. 12 (c). Cela signifie que l'échantillon n'est que partiellement saturé lorsque la pression gaz est appliquée, au moins à la pression gaz de 4 MPa ou plus. En effet, lorsque la pression gaz est appliquée, la pression des fluides des pores, gaz ou liquide est également augmentée. En conséquence, il y a un effet de couplage en raison de la pression gaz. Ce phénomène est particulièrement évident lorsque la pression gaz est supérieure à 4 MPa.

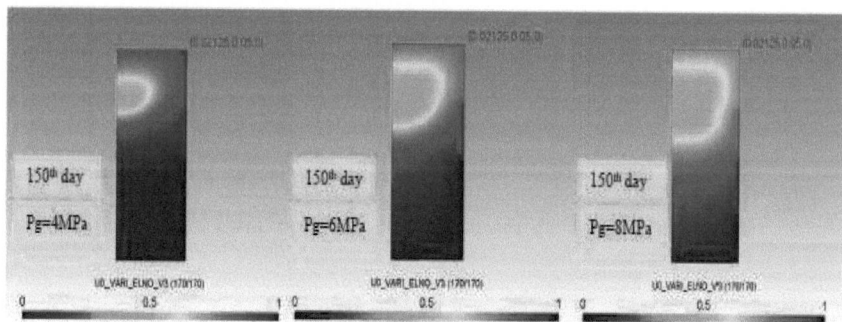

Figure A.11 Évolution du degré de saturation avec le temps - évolution globale.

Pour les séries S-4 et S-5, il peut être constaté que le plug inférieur est légèrement désaturé lorsque la pression gaz est supérieure à 6 MPa. La conséquence de ce phénomène est le résultat d'un effet de compétition entre la pression de l'eau et la pression du gaz : l'humidité va saturer l'échantillon tandis que le gaz jouera un effet inverse. Le degré de saturation du plug inférieur diminue progressivement avec le temps, ce qui signifie que l'effet de la pression du gaz est prédominant par rapport à celui de la perméation de l'humidité.

Des résultats plus détaillés peuvent être observés au niveau des points de surveillance, voir Figure A. 13 (a) et (b). Tout d'abord, il est à noter que le degré de saturation des points de surveillance (A_2, A _4) continue à augmenter, même après 150 jours, et le gonflement se développe plus rapidement à l'approche de la surface haute du plug inférieur, par exemple A_2 et A_4 ; cela est dû au fait que cette position est moins affectée par la pression du gaz.

Comme le montre la Figure A. 11 (a), (b) et (c), il est difficile à l'humidité de pénétrer dans le noyau de l'échantillon, et ici, ce qui peut être prouvé par le profil de la courbe de A_3, voir Figure A. 13 (a) et (b). La valeur de la S_ω de A_3 est toujours stable à 0,5, ce qui signifie que le noyau de l'échantillon n'est perturbé ni par le gaz ni par l'humidité.

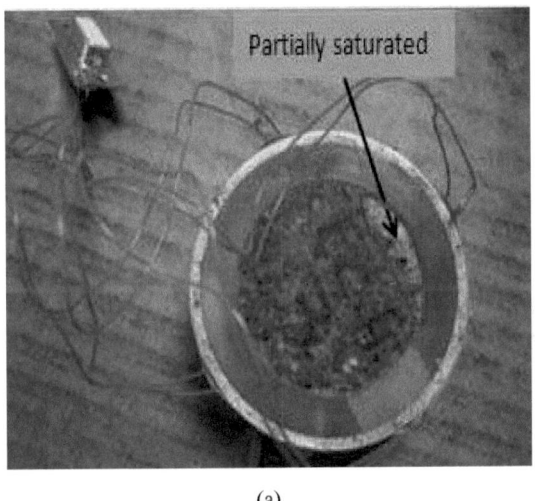

(a)

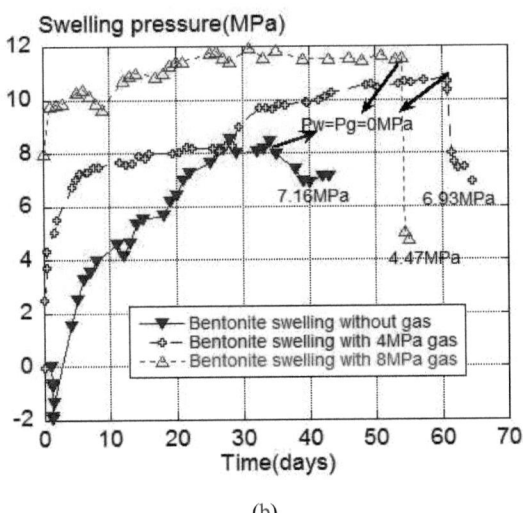

(b)

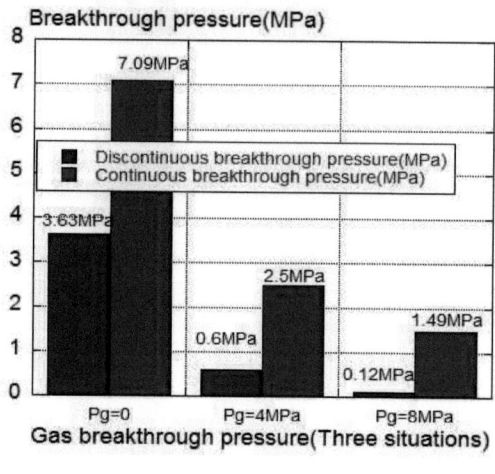

(c)

Figure A.12 (a) Apparence du plug supérieur après essai de gonflement : P_w = 4 MPa P_g = 6 MPa, (b) Évolution de la pression de gonflement avec le temps : P_g = 0/4/8 MPa, (c) Pression de percée discontinue/continue: trois situations.

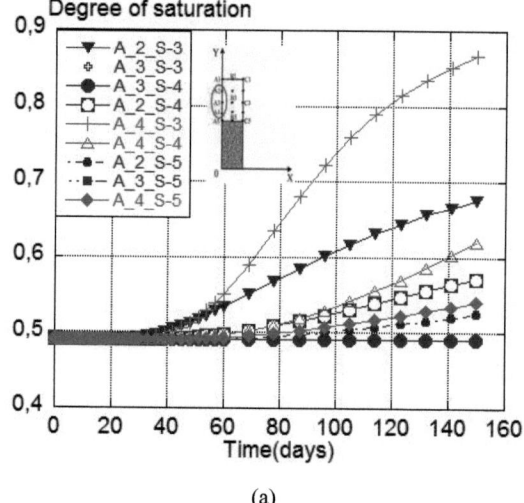

(a)

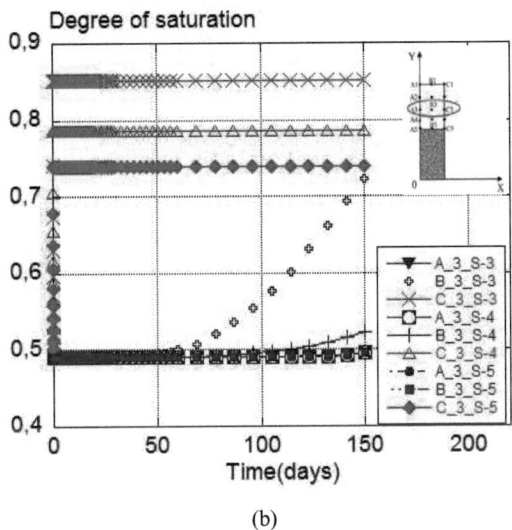

(b)

Figure A.13 Évolution du degré de saturation des points de surveillance en fonction du temps : (a) Points A_2, A_3 et A_4, (b) Points A_3, B_3 et C_3.

A.5 Résumé et conclusions

La simulation numérique est essentielle à la compréhension des processus du gaz et de l'eau à travers l'argile partiellement saturée. Cette étude vise à rechercher l'effet de couplage entre la pression du gaz et la pression de l'eau sur la saturation en eau du plug de bentonite-sable. Notre étude a été réalisée avec cinq cas, à savoir, bentonite gonflante avec des pressions de gaz différentes. Sur la base de ces résultats de simulation et de discussion, les conclusions suivantes peuvent être tirées :

(1) Un gradient important de saturation en eau est présent entre le noyau et la surface externe pendant le processus de gonflement, et ce «gradient» disparaît lorsque le plug entier est complètement saturé (seulement pour la série S-1 et S-2).

(2) Lorsque la pression gaz est appliquée, il existe un effet de couplage entre la pression du gaz, la pression de l'eau et la saturation en eau du "plug". La pression de l'eau va saturer l'échantillon tandis que la pression du gaz va jouer un effet opposé, le rôle prédominant est déterminé par la valeur de la pression du gaz ou de l'eau qui agit sur les pores du plug de bentonite-sable. Même au sein d'un même échantillon, cet effet n'est pas identique dans tous les endroits.

(3) Lorsque la pression gaz est supérieure à 4 MPa (durant le processus de gonflement), il est difficile à l'humidité de pénétrer dans le noyau du "plug". Cela signifie qu'une pression gaz plus élevée aura un effet important sur le gonflement de la bentonite.

(4) Le degré de saturation de la partie supérieure du plug inférieur diminue avec le temps lorsque la pression gaz est supérieure à 6 MPa. Ce phénomène ne doit pas être négligé, car *in situ*, la pression de gaz accumulée peut augmenter après une longue période, ce qui signifie que la pression gaz plus élevée aura dé-saturer non seulement le plug de bentonite-sable saturée, mais aussi la roche hôte. Ce phénomène a une incidence sur l'efficacité de l'étanchéité du tunnel et doit être pris en compte.

A.6 Travaux futurs

Dans cette simulation, la porosité du plug de bentonite-sable est considérée comme constante. En fait, cette valeur va changer un peu pendant le processus de gonflement, ce qui a été vérifié dans les chapitres III et IV. L'équation suivante peut être utilisée pour analyser l'évolution de la porosité avec le temps (Chavant, 2009) :

$$d\varphi = (b - \varphi)\left(d\varepsilon_\tau - 3\alpha_0 dT + \frac{dp_{gz} - S_{lq}dp_c}{K_s}\right) \qquad (A-21)$$

où b est le coefficient de Biot, K_s est le module de compressibilité des grains solides, α_0 est une donnée, φ est la porosité initiale, T est la température, ε_τ est la variation de volume des grains solides, p_{gz} est la pression du gaz, est S_{lq} est le degré de la saturation en eau.

Table des figures

Introduction générale

Figure 1 Plan du laboratoire souterrain avec ses installations souterraines et ses installations de surface (Andra, 2005; Andra, 2012) 9

Figure 2 Teneur en eau (diagramme du haut) et densité sèche (diagramme du bas) d'une tranche verticale de la barrière FEBEX faite de bentonite, telles que mesurées le long de six lignes radiales différentes à partir du centre de la galerie, lors de l'expérience REBEX *in situ* (Villar et al., 2005). La densité sèche initiale de la bentonite FEBEX est 1.69-1.7g/cm^3, sa teneur en eau initiale est d'environ 14%.. 10

Figure 3 Schématisation des chemins possibles de migration de gaz dans l'argile à Opalinus (Marschall et al., 2008).. 11

Chapitre I

Figure I.1 (a) Structure des feuillets élémentaires (ou cristaux élémentaires) des argiles de type montmorillonite à l'échelle de l'arrangement atomique (Komine, 2004); (b) La liaison inter-feuillets (ou inter-cristaux) élémentaires de montmorillonite se fait via des cations échangeables (Na$^+$ ou Ca^{2+}) capables de se lier avec des molécules d'eau, et qui donnent une bonne capacité de gonflement à l'ensemble (Harpstead and Hole, 1980)................................ 16

Figure I.2 Structure multi-échelle de la montmorillonite (Le Pluart et al., 2004). 18

Figure I. 3 Carte des minéraux (en couleurs) et de la macroporosité (en noir) d'une zone de (3 mm × 2,3 mm; carte avec un temps de balayage de 50 ms) de bentonite MX80 stabilisée par imprégnation au MMA, obtenue au MEB/EDS+analyse d'images (résolution 3microns/pixel). La flèche blanche indique le seul cristal de zircon identifié (Prêt et al., 2010). 20

Figure I.4 Distribution de taille des pores d'une bentonite MX-80 compactée à différentes pressions (Poisson J., 2002 cité dans Montes-H, 2002) 21

Figure I.5 Equilibre capillaire eau/air dans un pore représenté par un tube cylindrique de révolution 24

Figure I.6 Transport d'eau dans un pore capillaire: a. diffusion de la vapeur, début de l'adsorption; b. diffusion de la vapeur, adsorption mono- et multi-moléculaires; c. diffusion de la vapeur, condensation capillaire, écoulement capillaire dans les gorges (diamètres les plus fins du réseau poreux); d. diffusion de la vapeur, diffusion de surface, écoulement capillaire; e. écoulement capillaire, état non saturé; écoulement capillaire dans le pore, état saturé. (Franzen and Mirwald, 2004; Klopfer, 1997)... 25

Figure I.7 Eléments typiques des courbes de rétention d'eau d'un milieu granulaire fin (sol) (Nam et al., 2009, Sillers et al., 2001) 26

Figure I.8 Modèle cylindrique parallèle (a) à deux dimension (Liu, 2011); (b) à trois dimensions (Tuller, 2003)..................28

Figure I.9 (a) et (b) Modèle cylindrique croisé (Liu, 2011, Daïan-10) 28

Figure I.10 (a) Modèle d'espace poreux angulaire; (b) Diagramme schématique du processus d'augmentation de la teneur en liquide: de l'adsorption à l'imbibition (Tuller et al., 99, Tuller et al.,03) 29

Figure I.11 (a) Gonflement mesuré en fonction du temps à humidité relative HR donnée ; (b) : Relation entre l'humidité relative HR et le gonflement maximum mesuré à chaque HR (Montes-H, 2002) pour une bentonite MX80 observée au microscope électronique environnemental, à l'échelle de l'agrégat (mesures de retrait/gonflement obtenues par analyse d'images 2D)...................30

Figure I.12 Courbes de rétention d'eau de la bentonite GMZ en conditions de gonflement libre ou oedométrique, issu de Ye et al. (2009) 31

Figure I.13 Pour la bentonite FEBEX (90% de montmorillonite): (a) Relation entre la pression de gonflement et la densité sèche en fin d'essai, à teneur en eau initiale donnée (13,2%+/-1,2) et (b) relation entre la pression de gonflement et la teneur en eau initiale, issus de Villar et Lloret (2008) 33

Figure I.14 Pour l'essai *in situ* FEBEX représentant une barrière complète faite de blocs de bentonite compactée (constituée à 90% de montmorillonite de teneur en eau initiale $w=14\%$, densité sèche 1,69-1,70Mg/m^3) : (gauche) Teneur en eau en fonction de la distance à l'axe de la galerie ($x=0$ correspond à la position des résistances chauffantes) ; (droite) densité sèche en fonction de la distance à l'axe de la galerie, issu de Villar et Lloret (2007) 34

Figure I.15 Schéma de principe de l'écoulement stationnaire d'un liquide au travers d'un milieu poreux, permettant d'établir la loi de Darcy unidimensionnelle (suivant l'axe x), en négligeant la gravité. 35

Figure I. 16 Conductivité hydraulique en fonction de la proportion de sable (gauche) et de la densité sèche de la bentonite (droite), tiré de (Cho et al. 2000)..................38

Figure I.17 Conductivité hydraulique de mélanges sol basaltique (non gonflant)-bentonite en fonction de la capacité de gonflement libre de la bentonite considérée (Mishra et al., 2011)..39

Figure I.18 Perméabilité au gaz de la bentonite FEBEX (90% de montmorillonite) (en haut) en fonction de la pression de confinement, de la densité sèche initiale et de la teneur en eau initiale ($w=20\%$ à gauche et $w=18\%$ à droite); (en bas) : en fonction de la pression effective appliquée, de la densité sèche initiale et de la teneur en eau initiale ($w=20\%$ à gauche et $w=18\%$ à droite), tiré de (Villar et al., 2012)..................40

Figure I.19 Description phénoménologique des processus de transport de gaz: a) à partir d'un modèle micro-structurel de roche argileuse (exemple : argile à Opalinus suisse ou argilite française) ; b) mécanismes de transport élémentaire ; c) régime géomécanique ; d) influence du transport de gaz sur la sûreté (et l'étanchéité) de la barrière représentée par la roche hôte, tiré de (Marschall et al., 2005) 41

Figure I.20 Passage progressif du gaz (suivant un axe vertical, du bas vers le haut) au travers d'un milieu poreux initialement saturé en eau (représenté par un rectangle gris), avec l'entrée de gaz (premier schéma en partant de la gauche), la progression du gaz au sein du milieu poreux sans qu'il débouche du côté aval (deuxième schéma en partant de la gauche), puis passage plus ou moins important du côté aval (deux schémas de droite), tiré de (Hildenbrand et al., 2002) 45

Figure I.21 Evolution des pressions de gonflement mesurées pour la bentonite FEBEX en utilisant différentes concentrations en NaCl (densité sèche initiale 1,65 g/cm3) (Castellanos et al., 2008) 48

Figure I.22 (a) Evolution de la déformation verticale au cours de l'imbibition en cellule oedométrique de la bentonite FEBEX, sous une charge verticale de 0,5 MPa et en présence de différentes solutions (densité sèche initiale de 1.65 Mg/m^3) (Castellanos et al. 2008) ; (b) Effet de la concentration en CaCl$_2$ et en NaCl et de la densité sèche sur la conductivité hydraulique d'une argile faite de 45% de minéraux gonflants (Push, 2001) 49

Figure I.23 (a) Relation entre la teneur en eau et la température pour l'argile de Boom (10-20% de smectite gonflante) (Romero et al., 2001); (b) Conductivité hydraulique d'une bentonite chinoise (70% de montmorillonite) compactée à une densité sèche de 1.8 Mg/m^3, à différentes températures (Cho et al., 1999) 50

Figure I.24 Valeurs de la pression de gonflement en fonction de la température pour la bentonite FEBEX saturée et compactée à une densité moyenne de 1,58 g/cm^3 (Villar et Lloret, 2004) 50

Chapitre II

Figure II.1 Bouchons (ou plugs) de bentonite-sable de diamètre 36,7mm et 25mm de hauteur, juste après compactage 53

Figure II.2 Gonflement isotherme de la bentonite naturelle ou saturée par des cations (Na, Li, K, Ca, Mg) et naturelle, mesuré à l'échelle de l'agrégat par ESEM et analyse d'images digitale (Montes-H et al., 2005). 54

Figure II.3 Dispositif expérimental utilisé pour laisser le bouchon de bentonite-sable gonfler sans changement de volume significatif 55

Figure II.4 Temps nécessaire pour atteindre la stabilité HR au-dessus des solutions saturées en sel 56

Figure II.5 Schéma de l'essai de perméabilité au gaz en régime permanent 58

Figure II.6 Evolution de la pression du côté amont et du côté aval de l'échantillon pendant le pulse de pression 59

Figure II.7 Schéma de principe de l'essai de perméabilité au gaz « pulse test » 59

Figure II.8 Dispositif de mesure la porosité utilisant l'injection de gaz. L'échantillon est monté dans la cellule triaxiale, et l'accès des gaz est permise sur un seul côté (amont).....................60

Figure II.9 Schéma simplifié de la saturation des bouchons de bentonite/sable compactés in situ en présence de gaz 61

Figure II.10 Schéma de l'essai de laboratoire d'imbition en présence d'eau et de gaz, en deux étapes successives 62

Figure II.11 Un des petits tubes utilisés pour l'essai de gonflement avec pression de gaz, avec un échantillon de bentonite/sable entièrement saturé et gonflé à l'intérieur 63

Figure II.12 Système expérimental utilisé pour l'essai d'étalonnage 63

Figure II.13 Exemple d'étalonnage de tube plexiglas-aluminium : la valeur moyenne est utilisée pour relier les valeurs des déformations des jauges à la pression de gonflement exercée sur la face interne du tube 64

Figure II.14 (a) Relation entre la température et la valeur des déformations des jauges du tube non chargé mécaniquement, situé à côté de la cellule triaxiale ; (b) Exemple de correction de l'effet thermique sur la pression de gonflement d'un plug de bentonite-sable.....................65

Figure II. 15 Schéma d'essai de percée de gaz: le robinet IV est ouvert lorsque la détection de gaz est effectuée, et les robinets II et robinet III sont ouverts pendant chaque étape d'injection de gaz du côté amont ; le robinet I est ouvert pour augmenter la pression de gaz dans le réservoir tampon..67

Chapitre III

Figure III.1 Comparaison de la variation de masse absolue pour l'échantillon SO1 et l'échantillon SO2 71

Figure III.2 : Variations relatives de masse à partir de la masse à l'état de compaction initiale : échantillons SO1 et SO2...72

Figure III.3 Variations relatives de masse à partir de la masse à l'équilibre à HR=70% : échantillons SO1 et SO2...72

Figure III.4 Comparaisons de la variation de masse absolue pour les échantillons SF1 et SF2 73

Figure III.5 En prenant la masse initiale après compaction comme référence : (a) Comparaison de la variation de la masse relative pour les échantillons SF1et SF2: HR 75%~98%; (b) Variation de masse relative pour l'échantillon SF2 seul : HR 75%~100% 74

Figure III.6 : Variation absolue de volume de l'échantillon SF2 75

Figure III.7 : Variation relative de volume de l'échantillon SF2 à partir de l'état de compaction initiale 75

Figure III.8 Variation de masse relative des échantillons SF3 mis à *HR* donnée après essai de perméabilité au gaz jusqu'à un confinement $P_{c\,maxi}$=5MPa. 76

Figure III.9 Variation du volume relatif des échantillons SF3: $\Delta V_{relative}= (\Delta V_{HR} -\Delta V_{initial}) / \Delta V_{initial}$ 78

Figure III.10 Comparaison de la variation du volume relatif pour l'échantillon SF2 et ceux de la série SF3 78

Figure III.11 Comparaison des essais de rétention d'eau dans des conditions libres et des conditions oedométriques: variation de la masse relative des échantillons (SO1, SO2) placés en conditions oedométriques, et (SF1, SF2) placés en conditions libres. 79

Figure III.12 Représentation du processus de gonflement de la bentonite à différentes conditions aux limites : (a) en conditions isochores et (b) à déplacement vertical autorisé (Komine, 2004) 80

Chapitre IV

Figure IV.1 Procédure expérimentale suivie pour les trois séries d'essais S1, S2, S3 et S4. ...83

Figure IV.2 Résultats de perméabilité effective au gaz en fonction de la pression de confinement, et à des niveaux de saturation différents – Série S1 86

Figure IV.3 Evolution de la masse des échantillons de la série S2 en fonction du temps, lorsque ceux-ci sont placés à humidité contrôlée *HR*=75, 85, 92 ou 98%. 88

Figure IV.4 Variation du volume des échantillons de la série S2 pendant l'ensemble du processus expérimental : (a) Échantillon S2-8 (75%); (b) Échantillon S2-5 (85%); (c) Échantillon S2-4 (92%); (d) Échantillon S2-3 (98%) 89

Figure IV.5 Variations de masse et de volume relatifs selon l'humidité relative *HR*%. Les masses et volumes de référence sont ceux obtenus après la perméabilité initiale (proches de ceux après compactage). 90

Figure IV.6 Perméabilité initiale des échantillons de la série S2 en fonction de la pression de confinement 93

Figure IV.7 Comparaison entre la perméabilité au gaz initiale (en bleu) et la perméabilité au gaz après stabilisation à *HR* = 75% (en rouge), pour l'échantillon S2-8 95

Figure IV.8 Comparaison entre la perméabilité au gaz initiale (en bleu) et la perméabilité au gaz après stabilisation à 85% *HR* (en rouge), pour l'échantillon S2-5 95

Figure IV.9 Comparaison entre la perméabilité au gaz initiale (en bleu) et la perméabilité au gaz après stabilisation à 92% *HR* (en rouge), pour l'échantillon S2-4 96

Figure IV.10 Comparaison entre la perméabilité au gaz initiale (en bleu) et la perméabilité au gaz après stabilisation à 98% *HR* (en rouge), pour l'échantillon S2-3 98

Figure IV.11 Comparaison de la perméabilité au gaz après la stabilisation à une *HR* fixe en fonction de la pression de confinement, pour les échantillons S2-3 (98% *HR*), S2-4 (92% *HR*), S2-5 (85% *HR*) et S2-8 (75% *HR*) 99

Figure IV.12 Perméabilité au gaz sec en fonction de la pression de confinement pour tous les échantillons de la série S2 99

Figure IV.13 Variation de masse due à différentes conditions d'humidité relative – Série S3 102

Figure IV.14 Perméabilité après stabilisation à *HR* donnée, à différents niveaux de pression de confinement pour les échantillons de la série S3 103

Figure IV.15 Variation de volume de séries S3 pendant l'ensemble du processus expérimental : (a) Échantillon S3-9 (11%); (b) Échantillon S3-10 (75%); (c) Échantillon S3-11 (85%); (d) Échantillon S3-12 (92%); (e) Échantillon S3-13 (98%) 104

Figure IV.16 Perméabilité sèche des échantillons S3-9, S3-10, S3-11, S3-12 et S3-13 105

Figure IV. 17 Résultats de la variation de porosité en fonction de la pression de confinement (Échantillon S3-14) 106

Chapitre V

Figure V.1 Schéma de l'essai de laboratoire d'imbition en présence d'eau et de gaz, correspondant aux Phases I et III présentées à la Figure V.2. Dans le schéma du bas, le tube aluminium-plexiglas supérieur, contenant le bouchon initialement partiellement saturé, est instrumenté de jauges de déformation pour mesurer la pression interne qu'il subit au cours de l'essai. 109

Figure V.2 Procédure expérimentale suivie par les trois séries de tests Ai, Bi et Ci. 110

Figure V.3 Évolution de la pression de gonflement avec le temps: les échantillons A1, A2 et A3. 111

Figure V.4 (a) Distribution supposée de la pression d'eau sur la hauteur du tube : Cas A, correspondant aux échantillons A1 et A2; (b) distribution de la pression d'eau sur la hauteur du tube : Cas B, correspondant à l'échantillon A3. 112

Figure V.5 Essai de pression de percée d'échantillons saturés en présence d'eau et de gaz : Relation entre l'augmentation de la pression de gaz en aval (évaluée à partir des données temporelles du manomètre) et la pression de gaz en amont, pour les échantillons A2 (P_{gaz} = 0), B1 et B2 (P_{gaz}=4MPa). La zone grisée est celle qui est atteinte dès que le passage continu commence à être observé. 115

Figure V.6 Dispositif expérimental de gonflement d'un bouchon de bentonite-sable en présence d'une pression de gaz et d'une pression d'eau (P_w=4MPa). 115

Figure V.7 Évolution de la pression de gonflement avec le temps: échantillons B1 et B2 soumis à présence simultanée de 4MPa de gaz et en contact avec l'eau. 116

Figure V.8 Évolution de la pression de gonflement avec le temps: échantillons C1 et C2 soumis à présence simultanée de 8MPa de gaz et en contact avec l'eau. 117

Figure V.9 Effet de la pression de gaz sur la pression de contact de l'interface plug-tube pour B1 et B2 après saturation à P_{gaz}=4MPa et en contact avec l'eau (plug inférieur), puis après essai de pression de percée et re-saturation en contact direct avec l'eau (4MPa)..............118

Figure V.10 Évolution de la pression de gonflement (en vert) avec le temps lorsque l'échantillon C2 est saturé avec P_w=4MPa (en bleu) et P_{gaz}=6MPa (en rouge)...............121

Figure V.11 (a) Description du processus de re-saturation de l'échantillon B1; (b) évolution de la pression de gonflement avec le temps pendant le processus de re-saturation: échantillon B1. 123

Figure V.12 Echantillon B2: (a) Description du protocole de re-saturation suivi ; (b) évolution de la pression de gonflement avec le temps pendant la re-saturation...............124

Figure V.13 Relation entre la pression amont et le débit de gaz aval pour les échantillons A2, B1 (après re-saturation) et B2 (après re-saturation). 125

Figure V.14 Protocole de gonflement de l'échantillon A4, de hauteur H – 50 mm (deux fois plus long que les échantillons A1, A2 et A3 soumis à un protocole similaire, i.e. sans pression de gaz)...............126

Figure V.15 Evolution de la pression de gonflement avec le temps pour l'échantillon A4...126

Figure V.16 Protocole expérimental du test « couplage gaz/eau » pour l'échantillon long A4, avec l'indication des pressions totales de gonflement en dessous du schéma de chaque étape (P_{total}=7,03MPa, 9,93MPa, 13,34MPa, 9,28MPa, 13,36MPa, 9,44MPa, et 7,15MPa). 127

Figure V.17 Résultats de l'essai de couplage eau/gaz sur l'échantillon A4 (H=50mm): évolution de la pression totale de gonflement et de la pression de gaz appliquée, en fonction du temps. 128

Figure V.18 Processus expérimental de re-saturation de l'échantillon A4 (H=50mm) 129

Figure V.19 Résultats du test de re-saturation de l'échantillon A4 (H=50mm) après le cycle d'injection de gaz : évolution de la pression de gonflement et de la pression d'eau en fonction du temps. 129

Chapitre VI

Figure VI.1 Protocole expérimental pour l'essai de gonflement et l'essai de percée de gaz des échantillons D1 et D2 134

Figure VI.2 Résultats des essais de gonflement en terme de volume d'eau injecté et de perméabilité à l'eau associée : échantillon D1. 134

Figure VI.3 Résultats des essais de gonflement en terme de volume d'eau injecté et de perméabilité à l'eau associée: échantillon D2. 135

Figure VI.4 Le tube d'aluminium rainuré utilisé dans les essais sur les échantillons E1 et E2. 137

Figure VI.5 Protocole expérimental pour les échantillons E1 et E2, avec surface intérieure rainurée pour le tube. 138

Figure VI.6 Résultats pour la phase de gonflement: Échantillon E1. 138

Figure VI.7 Résultats pour la phase de gonflement: Échantillon E2. 139

Figure VI.8 Relation entre la pression amont (en abscisses) et la vitesse d'augmentation du débit de la pression aval (en ordonnées): échantillons E1 (tube rainuré) et A2 (tube lisse) de hauteur 25mm. 142

Figure VI.9 Protocole expérimental d'essai du montage bentonite-sable/argilite. 143

Figure VI.10 Résultats des essais de gonflement: Échantillon F1. 144

Figure VI.11 Résultats des essais de gonflement: Échantillon F2. 144

Figure VI.12 Évolution de la perméabilité à l'eau d'un échantillon d'argilite de la carotte EST34373 (Yang, 2012, M'Jahad, 2012). 145

Figure VI. 13 Relation entre la pression amont et la vitesse d'augmentation du débit de la pression aval pour les échantillons F1 et F2. 148

Annexe A

Figure A. 1 Modèle géométrique 164

Figure A.2 Maillage par éléments finis 164

Figure A.3 Dispositif expérimental utilisé dans le laboratoire 165

Figure A.4 Conditions aux limites 166

Figure A.5 Relation entre HR et S_w par essai de rétention d'eau 166

Figure A.6 (a) État initial des 2 échantillons de bentonite-sable, (b) Définitions des points de surveillance 168

Figure A.7 (a) Évolution du degré de saturation dans le temps - évolution globale ; (b) Évolution de la pression de gonflement dans le temps - résultats expérimentaux 171

Figure A.8 Évolution du degré de saturation des points de surveillance en fonction du temps (a) Direction radiale; (b) Direction axiale 171

Figure A.9 Évolution du degré de saturation avec le temps - évolution globale 172

Figure A.10 Évolution du degré de saturation des points de surveillance en fonction du temps: (a) Direction radiale; (b) Direction axiale 173

Figure A.11 Évolution du degré de saturation avec le temps - évolution globale 174

Figure A.12 (a) Apparence du plug supérieur après essai de gonflement : $P_w = 4$ MPa $P_g = 6$ MPa, (b) Évolution de la pression de gonflement avec le temps : $P_g = 0/4/8$ MPa, (c) Pression de percée discontinue/continue : trois situations 176

Figure A.13 Évolution du degré de saturation des points de surveillance en fonction du temps : (a) Points A_2, A_3 et A_4, (b) Points A_3, B_3 et C_3 177

Liste des tableaux

Introduction générale

Tableau 1 Classification et modes de gestion des déchets radioactifs (Andra, 2012)................8

Chapitre I

Tableau I.1 (a) Composition minéralogique d'une bentonite MX80 à l'état sec à partir de cartographies MEB+EDS (Prêt et al., 2010) ; (b) Composition minéralogique d'une bentonite MX 80 (brut quarté) dans les conditions ambiantes et à 105°C à partir d'analyses chimiques globales (Guillaume, 2002). 19

Tableau I.2 Comparaison de différentes méthodes connues pour mesurer le passage de gaz, tiré de (Egermann et al., 2006)...46

Chapitre II

Tableau II.1 Répartition granulométrique de la bentonite et du sable 52

Chapitre III

Tableau III.1 Nomenclature des échantillons et conditions aux limites des essais.................70

Tableau III.2 Augmentation de la masse relative de l'échantillon à différentes HR et à différentes conditions aux limites 80

Chapitre IV

Tableau IV.1 Première série d'essais - variation de masse et observations dimensionnelles. ...84

Tableau IV.2 Principales caractéristiques des échantillons des mélanges bentonite-sable de la série 2..90

Tableau IV.3 Propriétés physiques des échantillons de séries 3, déduites des donnés brutes indiquées dans le Tableau IV.2. 91

Tableau IV.4 Valeurs de la perméabilité au gaz au départ, au la pression maximum de confinement, et à la fin d'un cycle de confinement, pour des échantillons de la série S2 après compactage (avant d'être soumis à une humidité relative fixe ou séchage à l'étuve). 93

Tableau IV.5 Principales caractéristiques des échantillons des mélanges bentonite-sable de la série S3...101

Tableau IV.6 Propriétés physiques des échantillons de la série S3, déduites des donnés brutes indiquées dans le Tableau IV.5. 101

Chapitre V

Tableau V.1 Nomenclature des échantillons et conditions expérimentales : la pression d'eau est de 4MPa, alors que la pression de gaz est 0/4/6/8MPa. P_g est la pression de gaz subie par le bouchon supérieur; P_w est la pression d'eau subie par le bouchon inférieur (déjà entièrement saturé en phase I). 110

Tableau V.2 Résumé des essais de percée de gaz des échantillons A1~A3. 113

Tableau V.3 Résultats de l'essai de percée pour l'échantillon A2. 114

Tableau V.4 Pressions de percée pour les échantillons imbibés sous pression de gaz: B1, B2 et C2. 120

Tableau V.5 Résultats de l'essai de percée lorsque l'échantillon C2 est saturé avec P_w=4MPa et P_{gaz}=6MPa. 122

Tableau V.6 Résumé des résultats des essais de percée après re-saturation 125

Tableau V.7 Résultats de percée de gaz pour l'échantillon A4. 130

Chapitre VI

Tableau VI.1 Définition des essais présentés dans ce chapitre 133

Tableau VI.2 Résultats de l'essai de percée de gaz : Échantillon D1 136

Tableau VI.3 Résultats de l'essai de percée de gaz : Échantillon D2 136

Tableau VI.4 Résultats de l'essai de percée de gaz : Échantillon E1 140

Tableau VI.5 Résultats de l'essai de percée de gaz : Échantillon E2 141

Tableau VI.6 Résumé des essais de percée des échantillons Ai et Ei. P_{dis} est la pression de percée discontinue; P_{con} est la pression de percée continue. 142

Tableau VI.7 Résultats de l'essai de percée de gaz : Échantillon F1 146

Tableau VI.8 Résultats de l'essai de percée de gaz: Échantillon F2 147

Tableau VI.9 Résumé des essais de percée des échantillons A2, A3 (tube aluminium-plexiglas lisse), et F1, F2 (tube d'argilite). 148

Annexe A

Tableau A.1 Paramètres utilisés dans cette simulation numérique. 167

Tableau A.2 Nomenclature de cette simulation numérique 167

Liste des symboles

ΔP	différence de pression de deux points (Pa)
ΔV_{RH}	augmentation de volume de l'échantillon à une HR donnée (m^3)
$\Delta V_{relative}$	variation de volume relatif de l'échantillon
α	rayon effectif (m)
ε_τ	variation de volume de grains solides
u	viscosité dynamique du fluide (Pas)
γ	tension de surface (N/m)
φ	porosité conventionnelle
θ	angle de mouillage (°C)
θ_w	teneur en eau
θ_s	teneur maximale
θ_r	teneur résiduelle
ρ_w	densité d'eau (g/cm^3)
ρ_{ini}	densité de l'échantillon initial (g/cm^3)
ρ_{sec}	densité de l'échantillon sec (g/cm^3)
x_i	fraction molaire du gaz "i"
A	surface de la section étudiée (m^2)
b	coefficient de Biot
C	concentration de molécules (kg/m)
D	coefficient de diffusion (m^2/s)
D_{HR}	coefficient de diffusion de l'humidité relative
D_{comp}	diamètre d'échantillon après compactage (cm)
F^m	vecteur de gravité
h	pression hydraulique (m)
H	hauteur d'échantillon (m)
H_i	constante de Henry du gaz "i"
H_{comp}	hauteur d'échantillon après compactage (cm)
HR	humidité relative
J	flux de molécules (kg/m$^2\cdot$s)
K	conductivité hydraulique (m/s)
k	perméabilité du milieu (m^2)
k_i	perméabilité intrinsèque ou absolue (m^2)
k_s	module de compressibilité (Pa)
k_w	perméabilité à l'eau (m^2)
$k_{g,r}$	perméabilité relative au gaz

$k_{g,e}$	perméabilité effective au gaz (m^2)
$k_{g,i}$	perméabilité au gaz à l'état sec (m^2)
k_{ini-w}	perméabilité initiale à l'eau (m^2)
k_{sat-w}	perméabilité saturé à l'eau (m^2)
$k_{w.i}$	perméabilité saturé à l'eau (m^2)
$k_{w.r}$	perméabilité relative à l'eau
L	longueur sur laquelle la chute de pression a lieu (m)
m	paramètre du modèle de van Genuchten
$m_{éch}$	masse de l'échantillon (g)
m_{comp}	masse de l'échantillon après le compactage (g)
$m_{courante}$	masse courante (g)
$m_{initial}$	masse initiale (g)
m_{HR}	masse stable dans une cloche à une HR fixe (g)
$m_{saturé}$	masse sautré (g)
m_{sec}	masse sèche de l'échantillon (g)
$m_{variation}$	variation de masse relative (g)
n	paramètre du modèle de van Genuchten
P_c	pression de confinement (Pa)
P_f	pression de gaz finale (Pa)
P_i	pression de gaz en amont de l'échantillon de milieu poreux testé (Pa)
P_0	pression d'atmosphérique (Pa)
P_r	paramètre du modèle de van Genuchten (Pa)
P_{con}	pression de percée de gaz continue (MPa)
P_{dis}	pression de percée de gaz discontinue (MPa)
P_{eff}	pression effective de gonflement (MPa)
P_{amont}	pression de gaz en amont (MPa)
P_{aval}	pression de gaz en aval (MPa)
P_{cap}	pression capillaire (Pa)
P_{mean}	pression moyenne (Pa)
P_{gonfl}	pression de gonflement (MPa)
P_{total}	pression de gonflement total à l'équilibre (MPa)
Q	débit volumique (m^3/s)
Q_g	taux d'augmentation de la pression de gaz en aval (10^{-4}MPa/h)
Q_{per}	flux d'eau à travers les pores saturés (ml/s)
Q_{cap}	flux d'imbibition capillaire à travers les pores vides (ml/s)
Q_v	débit volumique (m^3/s)
R	rayon de sphère (m)

R	constante des gaz parfaits (J·mol^{-1}·K^{-1})
S_r	saturation résiduelle
S_w	saturation en eau
$S_{w,j}$	saturation du milieu poreux lorsque tous les pores dont le rayon est inférieur à r_j sont saturés en eau
S_{max}	saturation maximum
T	temps de diffusion (s)
T	température
V_m	volume molaire de l'eau liquide (m^3·mol^{-1})
V_r	volume du réservoir (m^3)
V_t	volume des tuyaux (m^3)
V_x	vitesse moyenne du gaz suivant la direction x (m/s)
V_{ini}	volume initial de l'échantillon (m^3)
V_{HR}	volume de la masse de l'échantillon stabilisé sous une HR fixe (cm^3)
V_{sec}	volume de l'échantillon sec(cm^3)
V_{comp}	volume de l'échantillon après compactage (cm^3)
$V_{détecteur}$	valeur de détecteur de gaz (10^{-4}ml/s)
x	axe x
y	axe y

Etanchéité de l'interface argilite-bentonite re-saturée et soumise à une pression de gaz, dans le contexte du stockage profond de déchets radioactifs

Résumé

Dans la conception du site français de stockage profond de déchets radioactifs de haute et moyenne activité, les mélanges bentonite (argile gonflante)-sable compactés sont généralement choisis pour réaliser la barrière de scellement, sous forme d'un assemblage de briques (ou bouchon) entre les colis de déchets radioactifs et la roche hôte (l'argilite). *In situ*, après absorption d'eau depuis la roche hôte, le bouchon de bentonite-sable permettra l'étanchéité en raison de son gonflement et de sa faible perméabilité à l'eau. Dans ce contexte, la problématique du comportement à long terme des bouchons d'argile impose d'évaluer l'efficacité de leur capacité de scellement (et de celle de leur interface avec la roche hôte) en cas d'une production de gaz, prévue *in situ* et induite par la corrosion humide, la dégradation de matière organique ou la radiolyse de l'eau.

Pour évaluer la bonne étanchéité du bouchon bentonite-sable, des expériences de perméabilité au gaz k_g sont réalisées sous contrainte hydrostatique croissante P_c (jusqu'à 12MPa). Nous montrons qu'une étanchéité au gaz, avec k_g inférieure à 10^{-20} m2, est observée à des saturations en eau S_w de 86-91% pour $P_c \geq 9$ MPa. Aux niveaux de saturations intermédiaires (entre 52 et 63%), les propriétés de transport de gaz du bouchon dépendent de deux effets antagonistes. Tout d'abord, le gonflement induit une augmentation du volume de l'échantillon, et donc du volume poreux accessible au gaz, de sorte que k_g tend à augmenter. D'autre part, à volume d'échantillon donné, la prise de masse induit une diminution du volume poreux accessible au gaz via un gonflement de la bentonite (en remplissant les pores d'eau), de sorte que k_g diminue.

Pour les bouchons seuls ou l'ensemble argilite/bouchon, notre principale contribution concerne le comportement en gonflement, la pression de percée de gaz, ainsi que l'identification des voies de passage du gaz. Les résultats expérimentaux montrent qu'une pression de gaz d'au moins 4MPa a un effet significatif sur la pression effective de gonflement. Après saturation complète en eau, l'écoulement continu de gaz au travers du bouchon seul se fait à P_{gaz}=7-8MPa s'il dispose d'une interface lisse avec un autre matériau (tube métallique), alors que celui au travers de l'ensemble bouchon/argilite a lieu à P_{gaz}=7-7,5MPa. Le passage à travers le bouchon gonflé au contact d'une interface rugueuse se fait à une pression de gaz bien supérieure à la pression de gonflement du bouchon. Notre interprétation est que l'interface argilite-bouchon ou l'argilite sont les voies possibles de passage préférentiel du gaz lorsque tous les matériaux sont complètement saturés.

Mots clés: bentonite, argilite, étanchéité, perméabilité au gaz, pression de gonflement, pression de percée de gaz

Sealing efficiency of an argillite-bentonite plug subjected to gas pressure, in the context of deep underground nuclear waste storage

Abstract

In the design of high level radioactive waste (HLRW) repositories at great depth, compacted bentonite/sand mixtures are generally chosen as a buffer or as a backfill material, to be placed between the radioactive waste canisters and the host rock (e.g. argillite). *In situ*, after water uptake from the host rock, sealing will be obtained gradually due to bentonite-sand plug swelling. Meanwhile, a significant issue relative to the long-term behavior of clay buffers is its sealing efficiency under the expected gas generation, induced by humid corrosion, degradation of organic matter or water radiolysis. Therefore, it is essential to evaluate the sealing ability of the bentonite-sand plug in partially water-saturated conditions and under pressure (due to the swelling of surrounding plugs), and the sealing efficiency of the bentonite-argillite interface.

To assess the sealing ability of partially water-saturated bentonite-sand plug, gas permeability K_g experiments are performed under increasing hydrostatic stress P_c (up to 12MPa). Research shows that gas tightness is observed at water saturations S_w of 86-91% for $P_c \geq 9$MPa, with gas permeability values K_g lower than 10^{-20} m^2. At intermediate saturation levels (between 52 and 63%), gas transport behavior of bentonite/sand plugs is shown to depend on two opposite effects. First, swelling induces an increase in sample volume, and also in pore volume accessible to gas, so that K_g tends to increase. Secondly, at given sample volume, water intake corresponds to a decrease in pore volume accessible to gas (by filling pores with water), whereby K_g decreases.

The sealing efficiency of the interface between bentonite-sand plugs and the host rock (argillite) is also essential to evaluate for the safety of the disposal pit. The main contribution of this work is to provide data for the swelling behavior (kinetics and pressure), gas breakthrough pressure as well as gas pathways, when bentonite-sand plugs are saturated in presence (or not) of a given gas pressure, together with water (either by direct contact, or by contact with a fully saturated plug). Experimental results show that gas pressure has an effect on the effective swelling pressure, for values of at least 4MPa. Continuous gas breakthrough of fully water-saturated bentonite-sand plugs is obtained for gas pressures on the order of full swelling pressure (7-8MPa), whenever the plug is applied along a smooth interface. Whenever a rough interface is used in contact with the bentonite-sand plug, a gas pressure significantly greater than its swelling pressure is needed for gas to pass continuously. Finally, we observe that the argillite rock or the bentonite/argillite interface are preferential pathways for gas migration when bentonite-sand and argillite become fully saturated, as the breakthrough is obtained at 7-7.5MPa gas pressure (smooth interface).

Key words: bentonite-sand, argillite, sealing efficiency, gas permeability, swelling pressure, gas breakthrough pressure

Oui, je veux morebooks!

i want morebooks!

Buy your books fast and straightforward online - at one of the world's fastest growing online book stores! Environmentally sound due to Print-on-Demand technologies.

Buy your books online at

www.get-morebooks.com

Achetez vos livres en ligne, vite et bien, sur l'une des librairies en ligne les plus performantes au monde!
En protégeant nos ressources et notre environnement grâce à l'impression à la demande.

La librairie en ligne pour acheter plus vite

www.morebooks.fr

OmniScriptum Marketing DEU GmbH
Heinrich-Böcking-Str. 6-8
D - 66121 Saarbrücken
Telefax: +49 681 93 81 567-9

info@omniscriptum.de
www.omniscriptum.de

Printed by Books on Demand GmbH, Norderstedt / Germany